N E W
沙 拉 料 理
創 意 設 計

瑞昇文化

名店沙拉料理

創意沙拉料理

閱讀本書前的注意事項 ────────────

〔關於材料的分量標示〕

▪ 1大匙：15㎖、1小匙：5㎖、1杯：200㎖。

▪ 材料的分量標示為「適量」、「少許」時，請依材料分量
及個人喜好，斟酌使用。

〔關於材料與用語〕

▪ EXV.橄欖油指特級初榨橄欖油。

▪ 醬油採用濃口醬油。

▪ 材料中的酒指清酒。

▪ 高湯原則上使用昆布和柴魚熬煮的一次高湯。

▪ 料理名稱皆依各餐廳的標示為準。

名店
沙拉料理

割烹 鶴林 YOSIDA（吉田靖彥／舛田篤史）

堅持使用當季食材，運用日本料理的技法，開拓現代人所喜愛的美味料理。在國外也頗受好評。

　大阪市中央區東心齋橋2-5-21大阪屋會館1樓
　TEL 06-6212-9007　http://kakurin.net/

義大利料理 Taverna-I（今井 壽）

研究義大利家庭的原始美味，今井壽主廚的店。利用當季食材製作的各地鄉土料理很受歡迎。

　東京都文京區關口3-18-4
　TEL 03-6912-0780　http://www.taverna-i.com

Restaurant C'EST BIEN（清水崇充）

可享受到親子都喜愛的法國美食和傳統西式料理，擁有很多粉絲。

　東京都豐島區南長崎5-16-8 平和大廈 1F
　TEL 03-3950-3792　http://www.restaurant-cestbien.com

CHINESE 酒場　炎 技（梅本大輔）

融合正統的四川料理、上海料理，酒吧風格的陳設和享用紅酒的料理，正是這家店的最大特色。

　大阪府大阪市福島區福島7-7-21 FK大廈 1F
　TEL 06-6454-5151 https://r.gnavi.co.jp/kbz0200/

LIFE KITASANDO（田中美奈子）

最擅長運用時令蔬菜的料理。以店鋪所沒有的形式，積極投入食品搭配、商品開發和餐飲業活動等各種領域。

　http://www.life-kitasando.com/

甜醋漬番茄沙拉

小番茄用甜醋醃漬一小時左右，淋上清湯凍，製成時尚的日式沙拉。只要把清湯凍換成豆腐拌菜、白醋拌菜，就可以化身成套餐的前菜或是醋物小菜。

材料（2人份）
小番茄（紅）…2顆
小番茄（黃）…3顆
黑胡椒粒…少許
薄荷葉…5g
甜醋清湯凍※…60g

甜醋清湯凍
材料／製作方法參考P.114

1 小番茄去除蒂頭，放進熱水氽燙後，馬上放進冷水，剝除外皮。

2 製作甜醋清湯凍。倒進幾乎快淹過（八分滿左右）小番茄的甜醋，放進撕碎的薄荷葉，醃漬1～2小時。

3 把步驟2的甜醋瀝乾，加入相同分量的水，放進鍋裡，加熱至80℃後，加入備用的明膠溶解，用冷水稍微冷卻後，放進冰箱冷藏凝固。

4 把步驟3的甜醋小番茄放進小碗，淋上甜醋清湯凍，撒上黑胡椒粒，擺上薄荷葉（分量外）裝飾。

MEMO
這裡使用略帶薄荷葉清涼香氣的甜醋清湯凍（P.114）。

梭子蟹茼蒿沙拉

菊花、茼蒿和梭子蟹，秋意滿滿的沙拉。把凝凍加以過濾，讓口感變得更好，並且更容易和食材混合，正是製作出美味的關鍵。最後再擠上幾滴生薑汁，就可以上桌。

材 料（2人份）
梭子蟹（母）…1塊
萵苣…1/4把
菊花…30g
清湯※…適量
鴻禧菇…30g
甜醋…適量
土佐醋凍※…適量

土佐醋凍
材料／製作方法參考P.114

1 梭子蟹用水清洗乾淨，放進冒出蒸氣的蒸籠，用大火蒸煮15分鐘左右，放涼後，取出蟹肉，把蟹肉揉散。

2 萵苣用鹽水烹煮，泡過冷水後，把水分擠乾，浸漬在清湯裡。

3 菊花拔掉花瓣，用加了一點醋的熱水快速汆燙後，泡水，把水分瀝乾後，放進甜醋裡浸漬。

4 鴻禧菇去掉蒂頭，用熱水快速汆燙後，泡水，把水瀝乾，放進清湯裡浸漬。

5 把步驟1～4的食材裝盤，淋上土佐醋凍。

MEMO
清湯是指，用鹽巴、酒、淡口醬油等調味料，將一次高湯適當調味後作成的湯。

只要花一點時間過濾凝凍，就可以讓口感更好，同時也更容易和食材混合。

鮑魚
海膽沙拉

奢侈混用鮑魚和海膽的夏季沙拉料理。鋪上非常適合海鮮的裙帶菜，簡單擺盤，讓食材可以一目了然，最後再淋上醬油沙拉醬就完成了。

材料（2人份）
鮑魚…1顆（300g）

A ┌ 水…600ml
  │ 酒…600ml
  │ 白蘿蔔（切片）…2塊
  └ 昆布（15cm方形）…1片
生海膽…100g
醬油沙拉醬※…20ml
裙帶菜（泡軟）、
　水晶菜…各適量
微型番茄、穗紫蘇…各適量

醬油沙拉醬
材料／製作方法參考P.114

1　製作蒸鮑魚。鮑魚去掉外殼，抹上鹽巴。肝臟小心取下，快速汆燙後，備用。

2　把材料A和步驟1的鮑魚放進調理碗，用冒出蒸氣的蒸籠，以中火蒸煮3～4小時後，取出鮑魚，直接放涼。

3　把步驟2的鮑魚切成薄片，劃花刀。

4　把泡軟的裙帶菜、水晶菜鋪在鮑魚殼裡面，並將步驟3的鮑魚、步驟1的肝臟以及生海膽裝盤。擺上微型番茄、穗紫蘇裝飾。

日本對蝦
蓮藕沙拉

蝦子和相當對味的蓮藕。用明太子沙拉醬拌勻，撒上乾炸的蝦頭。演繹出高級感的同時，還能享受酥脆的口感。

材 料（2人份）
日本對蝦…6尾（30g）
蓮藕…80g
白煮用高湯※…適量
秋葵…3支
清湯（P.11）…200ml
明太子美乃滋※…30g

明太子美乃滋
材料／製作方法參考P.114

1　日本對蝦用竹籤等道具去除沙腸，串成蝦串後，用鹽水烹煮。變色後，馬上泡冷水，去除蝦殼。

2　把步驟1的日本對蝦切成三等分。頭縱切成對半，乾炸備用。

3　蓮藕削除外皮，切成厚度1cm的銀杏切後，泡水，把水瀝乾。用加了一點醋的熱水快速汆燙，泡水。

4　把白煮用高湯放進鍋裡加熱，煮沸後，放進步驟3的蓮藕，烹煮5～6分鐘。

5　秋葵切除蒂頭，用鹽巴搓揉，用熱水快速汆燙後，泡冷水放涼，把水瀝乾後，放進清湯裡浸漬。之後斜切成對半。

6　把步驟2的日本對蝦、步驟4的蓮藕、步驟5的秋葵放進調理碗，加入明太子美乃滋拌勻。裝盤，擺上步驟1的蝦頭。

「白煮用高湯」的材料為：高湯200ml、酒200ml、味醂400ml、2/3小匙的鹽巴（容易混合的分量）。

蒜香雞肉沙拉

雞肉的好壞是美味的關鍵。用平底鍋煎煮雞肉的時候,在不使用落蓋的情況下,用蒜油煎出酥脆口感,是烹調的關鍵。齒頰留香的餘韻大受歡迎。

材料(2人份)
雞腿肉…1片
蒜頭(切片)…2瓣
沙拉油…1大匙
鹽巴、胡椒…各少許
洋蔥…1/2顆
青紫蘇…20片
蘘荷…2塊
洋蔥醬※…適量

洋蔥醬
材料/製作方法參考P.115

1　把沙拉油、蒜頭放進平底鍋加熱,蒜頭呈現焦黃色後取出。

2　雞腿肉用筷子刺出幾個洞後,撒上鹽巴、胡椒後,把雞皮朝下放進步驟1的平底鍋,用小火煎煮,呈現焦黃色之後翻面,進一步用中火煎煮5～6分鐘,關火,直接用餘熱煮熟。

3　洋蔥切成薄片。蘘荷縱切成對半後再切成小段,泡水後,把水瀝乾。

4　把步驟3的蔬菜在盤子上排成兩列,直立擺放青紫蘇,步驟2的雞肉削切成薄片,裝盤。撒上步驟1的蒜片,隨附上洋蔥醬。

雞肉下鍋之前,只要先用筷子刺出幾個洞,雞肉就不容易收縮。

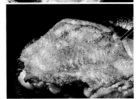

煎煮的時候雞皮朝下,在不用落蓋的情況下,煎出酥脆口感。

豬里肌竹籠豆腐沙拉

由豬肉、豆腐和苦瓜所組成的沖繩風味沙拉。豬肉要浸泡在
80℃的昆布高湯裡，避免讓肉質變硬。豆腐建議採用味道
濃厚的竹籠豆腐或木綿豆腐。

材料（2人份）
里肌豬肉（切片）※…60g
昆布高湯…適量
酒…少許
竹籠豆腐…1塊
苦瓜…1/4條
白芝麻…1/2小匙
柴魚片…少許
芝麻沙拉醬※…適量

芝麻沙拉醬
材料／製作方法參考P.115

1　昆布高湯加入少許的酒，加熱至80℃左右，放進里肌豬肉快
　　速汆燙，泡水後，把水瀝乾，切成容易食用的大小備用。

2　苦瓜縱切成對半，去除種子後，切成薄片，用鹽水快速汆燙
　　後，泡冷水，把水瀝乾。

3　撈取竹籠豆腐裝盤，依序放上步驟1的豬肉、步驟2的苦瓜，
　　淋上芝麻沙拉醬，再撒上白芝麻，最後擺上柴魚片。

MEMO
豬肉用80℃左右（可殺菌的
溫度）的熱水汆燙後，再用
常溫的水浸泡，就能產生絕
佳口感。

烤蔬菜沙拉

不同於生蔬菜的口感頗受好評。蔬菜抹上初榨橄欖油，用
大火短時間加熱，最後再抹上醬油。如果是秋天，也可以
改成烤香菇沙拉。

材料（2人份）
酪梨…1/2顆
蓮藕（切片）…2片
綠蘆筍…2支
南瓜（厚度1cm的銀杏切）…2塊
茄子…1/2條
櫛瓜（厚度1cm的斜切片）…2片
帕馬森乾酪…少許
一味唐辛子…少許
EXV.橄欖油…適量
一杯醬油※…適量

1　進行蔬菜的事前處理。1/2顆的酪梨去除外皮
　　和種籽，縱切成對半。蓮藕切成厚度1cm的片
　　狀，浸泡醋水後，快速汆燙備用。綠蘆筍削
　　掉根部的堅硬部分。南瓜切成厚度1cm的梳
　　形切，快速汆燙備用。1/2條的茄子縱切成對
　　半。櫛瓜斜切成厚度1cm的片狀。
2　步驟1的蔬菜分別抹上橄欖油，用大火的烤爐
　　（烤網）烤至焦黃色。
3　在烤的期間，抹上2～3次的一杯醬油。
4　把步驟3的蔬菜裝盤，依個人喜好撒上帕馬森
　　乾酪和一味唐辛子。

MEMO
＊藉由帕馬森乾酪（乳製品）和醬油（發酵調味
　料）的相乘效果，醞釀出更濃郁的味道。
＊一杯醬油是用相同分量的酒稀釋的濃口醬油，用
　於燒烤食材，可增添食材的顏色和風味。

抹上橄欖油，用大火燒
烤，鎖住蔬菜的甜味。沒
有烤爐的時候，也可以
用預熱至250℃的烤箱烤
10～12分鐘。

鹽辛魷魚馬鈴薯沙拉

把剛蒸好的馬鈴薯、鹽辛魷魚和溫泉蛋加以混合的日式馬鈴薯沙拉。加了溫泉蛋之後，鹽味會變得溫和，如果再加上奶油，鮮味就會更進一步提升。

材料（4人份）
北魷…1尾
馬鈴薯（男爵）…2顆
溫泉蛋※…4顆

1　把手指插進北魷的身體，抽出軟骨，小心的拔掉魷魚腳。魷魚鰭就從根部切除。身體從正中央剖開，去除薄皮和墨袋。切除內臟，去除嘴巴和眼睛。身體用保鮮膜包起來，放進冰箱備用。
2　內臟抹上大量的鹽巴，放進冰箱冷藏二十四小時，隔天把鹽巴沖洗乾淨，把水擦乾後，用篩網過濾。
3　把步驟1的北魷身體縱切成對半後，切成細條狀。魷魚鰭也切成細條狀。
4　把步驟2的內臟和步驟3的食材混合在一起，製作成鹽辛魷魚。
5　馬鈴薯在帶皮的狀態下清洗乾淨，放進蒸籠蒸至軟爛程度。剝除外皮，用搗碎器壓成馬鈴薯泥。
6　依序把步驟5的馬鈴薯、溫泉蛋的蛋黃、鹽辛魷魚裝盤。

M E M O
把雞蛋放進67℃的熱水裡烹煮20分鐘，再浸泡冷水，就可製作出溫泉蛋。

竹筴魚香味蔬菜沙拉

運用竹筴魚的南蠻漬美味，讓沙拉別具風味的創意料理。竹筴魚抹鹽乾炸。鋪上香味蔬菜後，擺上竹筴魚，淋上柚子醋沙拉醬，製作出清爽的美味。

柚子醋沙拉醬
材料／製作方法參考P.115

材料（1人份）
竹筴魚…1尾
鹽巴、小麥粉…各適量
青紫蘇…10片
蘘荷…2塊
生薑…30g
芽紫蘇…2支
穗紫蘇…4支
柚子醋沙拉醬※…10ml

1 竹筴魚用水清洗乾淨，橫切成三片，去除腹刺、中骨，薄削成片。竹筴魚抹鹽，抹上小麥粉乾炸。

2 青紫蘇、蘘荷分別切成細絲。生薑切成更細的細絲（針切）。把香味蔬菜混在一起泡水，把水瀝乾備用。

3 把步驟2的香味蔬菜裝盤，擺上步驟1的竹筴魚，淋上柚子醋沙拉醬。撒上穗紫蘇、芽紫蘇裝飾。

鮪魚酪梨沙拉

鮪魚和酪梨混合製成的生魚片風味沙拉。切塊的鮪魚加上醬油搓揉，再加上鹽昆布，和酪梨一起拌勻。裝在酪梨殼裡面，製作出沙拉感覺的料理。

材料（2人份）
鮪魚（紅肉）…160g
醃漬醬料
┌ 濃口醬油…50ml
└ 酒…50ml
　※放進鍋裡煮沸備用。
酪梨…1顆
EXV.橄欖油…少許
山葵泥…少許
鹽昆布（切絲）…少許
散葉萵苣…1片
鹽漬鮭魚子…少許

1　鮪魚切成丁塊狀，快速浸泡醃漬醬料，瀝掉湯汁備用。

2　酪梨縱切成對半，去除種籽，用湯匙等工具挖出果肉，放進調理碗（酪梨殼稍後要用來裝盤，不要丟棄）。

3　用打泡器搗碎步驟2的酪梨果肉，加入橄欖油、山葵泥混合，最後加上鹽昆布和步驟1的鮪魚，粗略的混合攪拌。

4　把散葉萵苣鋪在步驟2的酪梨殼底部，裝上步驟3的食材，再擺上鹽漬鮭魚子。

5　盤子鋪上些許碎冰，再把步驟4的料理擺上。

預先調味的鮪魚用酪梨拌勻，再用鹽昆布增添鹽分和鮮味。

馬自拉乳酪
蔬菜沙拉

分量十足，可當成主食品嚐的沙拉。將鋪上的水波蛋搗碎，混合著一起享用。粉紅醬是美味的關鍵。

材料（3人份）

馬自拉乳酪⋯1/2塊

幼嫩葉蔬菜⋯適量

甜椒（紅、黃）⋯各1/2顆

散葉萵苣⋯3片

芥菜⋯3片

芹菜⋯1片

番茄⋯1小顆

花椰菜⋯1/4顆

紫洋蔥⋯1/2顆

西瓜蘿蔔⋯1/3顆

松子⋯30g

水波蛋⋯3顆

粉紅醬※⋯60～90ml

粉紅醬

材料／製作方法參考P.115

1　馬自拉乳酪切成厚度5mm。

2　進行蔬菜的事前處理。甜椒縱切成對半，去除種籽，切成細條。芹菜去除根部的老筋，斜切成薄片。番茄切成片狀。花椰菜分切成小朵，鹽水烹煮成清脆程度備用。紫洋蔥切成薄片後泡水，西瓜蘿蔔去皮，切成銀杏切。散葉萵苣、芥菜分別撕成容易食用的大小，泡水備用。幼嫩葉蔬菜同樣也泡水備用。

3　把步驟2的蔬菜確實瀝乾水分，放進略大的調理碗，用手輕柔混合後，裝盤。擺上馬自拉乳酪，再把水波蛋擺在正中央。淋上粉紅醬，撒上松子。

健康蔬菜沙拉

亞麻仁油具有預防動脈硬化、高血壓、心臟血管疾病，同時降低膽固醇及中性脂肪等效果，將此種話題性十足的亞麻仁油做成沙拉醬，製作出大量蔬菜且健康滿分的沙拉。

材料（2人份）
芝麻菜…1把
西洋菜…1把
小番茄（紅、黃色）…各2顆
甜豆…6支
磨菇…4朵
亞麻仁油沙拉醬※…適量

亞麻仁油沙拉醬
材料／製作方法參考P.116

1 芝麻菜和西洋菜分別切成容易食用的長度，泡水備用。

2 小番茄切成對半。甜豆去除老筋，用鹽水煮至清脆程度，泡冷水，把水瀝乾後，沿著老筋剖開。蘑菇每顆切成4～5片。

3 把適量的亞麻仁油沙拉醬倒進調理碗，混入步驟1和2的蔬菜，整體拌勻後，裝盤。

MEMO
亞麻仁油不適合加熱，為了充分發揮效果，要直接使用生的。

帆立貝蘆筍沙拉

奶油炒帆立貝、綠蘆筍、海膽和蓴菜。進一步使用蛋黃醋和八方醋凍當成沙拉醬，製作出更多層次的複雜美味。

材料（2人份）
帆立貝…4塊
綠蘆筍…4支
蓴菜…120g
生海膽…80g
奶油…少許
蛋黃醋※…60ml
八方醋凍※…80ml

八方醋凍
材料／製作方法參考P.116

1 帆立貝從貝殼上去掉貝柱和裙邊，用鹽水清洗。
2 綠蘆筍把長度切成對半，用鹽水烹煮，泡冷水，把水瀝乾。
3 把奶油放進平底鍋加熱，放進步驟1的扇貝和步驟2的蘆筍稍微香煎。
4 步驟3的扇貝切成對半，裙邊也切成容易食用的大小。綠蘆筍斜切成段狀。
5 蛋黃醋鋪底，放上步驟4的食材，放上生海膽、蓴菜，淋上八方醋凍。最後再淋上些許蛋黃醋。

蛋黃醋

材料（容易製作的分量）
土佐醋※…100ml
蛋黃…4顆

製作方法
把蛋黃放進調理碗，用土佐醋溶解至柔滑程度，一邊攪拌一邊隔水加熱。呈現濃稠狀後，取出放涼。

MEMO
把米醋和高湯各60ml、淡口醬油和味醂各20ml放進鍋裡加熱，沸騰後加入柴魚片，馬上關火直接放涼，土佐醋就製作完成了（容易製作的分量）。

海鰻洋蔥沙拉

利用夏季至秋季期間都十分美味的海鰻，製作
出時尚的沙拉。海鰻烤出口感絕佳的微焦感，
搭配十分對味的洋蔥。把色彩鮮艷的梅肉當成
沙拉醬，增添視覺上的魅力。

材料（2人份）
海鰻（活）⋯1/4尾
新洋蔥⋯1/3顆
紫洋蔥⋯1/4顆
芽蔥⋯1/2盒
紫蘇葉⋯4片
附花的黃瓜⋯4支
梅肉⋯少許
梅沙拉醬※⋯適量

梅沙拉醬
材料／製作方法參考P.116

1 海鰻用水清洗乾淨，去除中骨、腹刺、背
   鰭，魚肉保留魚皮，切出細小的刀痕，去除
   魚刺。

2 把步驟1的海鰻皮朝上放置，用瓦斯噴槍烤
   出香氣，泡冰水，把水瀝乾，分切成2cm
   寬。

3 新洋蔥、紫洋蔥分別切成薄片，芽蔥切成
   段，泡水後，把水確實瀝乾。

4 步驟3的蔬菜鋪底，擺上青紫蘇，接著擺上
   步驟2的海鰻。淋上梅沙拉醬，擺上梅肉，
   附上附花的黃瓜。

章魚醃泡沙拉

只要用沙拉醬拌勻材料，就能立刻上桌的時尚醃泡沙拉。兼具鮮味和獨特口感的章魚是十分受歡迎的沙拉食材。番茄和酪梨不僅能增添鮮豔視覺，更能挑逗食欲。

材料（1人份）
水煮章魚…60g
馬自拉乳酪…40g
水果番茄…1顆
酪梨…1/2顆
茴香芹…少許
黑胡椒粒…少許
黃芥末醬※…適量

黃芥末醬
材料／製作方法參考P.117

1 水煮章魚切成1.5cm寬。
2 水果番茄去皮，切成1.5cm丁塊狀。酪梨去皮，切成1.5cm丁塊狀。
3 馬自拉乳酪切成容易食用的厚度。
4 把步驟1～3的食材放進調理碗，淋上黃芥末醬，充分拌勻後裝盤。附上茴香芹，撒上黑胡椒粒。

基本款的黃芥末醬非常適合搭配各種沙拉料理，只要預先製作起來備用，就會相當便利。

海藻小魚乾沙拉

用加了小魚乾的土佐醋凍拌海藻的沙拉，口味清爽，也可以用來取代醋物。小魚乾在時令的春季至初夏期間最美味，建議採用盛產時期的小魚乾。

材料（2人份）
綜合海藻（泡軟）…50g
裙帶菜（泡軟）…20g
小魚乾…40g
土佐醋凍※…100ml

土佐醋凍
材料／製作方法參考P.114

1　綜合海藻用水清洗後，用水泡軟。裙帶菜也泡軟，切成容易食用的大小。

2　把步驟1的食材混合，放進調理碗，充分拌勻後裝盤。

3　把土佐醋凍和小魚乾充分混合，淋在步驟2的食材上面。

只要預先把小魚乾混進土佐醋凍裡面，就可以充分拌勻。

炸蔬菜浸漬沙拉

乾炸色彩鮮艷的夏季蔬菜，再浸泡在浸漬醬汁裡就行了。
乾炸蔬菜，讓蔬菜的色澤更加鮮艷，同時也會更添濃郁。
就算只有蔬菜，仍然可以當成主菜品嚐的一道料理。

材料（4人份）
南瓜…1/8顆
秋葵…8支
萬願寺辣椒…4支
甜椒（紅）…1顆
茄子…1條
蓮藕…1/2節
薯蕷…1/5支
青柚子…少許
炸油…適量
浸漬醬汁※…100ml

1 南瓜切成1cm厚的梳形切。秋葵和萬願寺辣椒分別刺穿2個洞。紅甜椒切成便籤切。茄子縱切成8等分。蓮藕削掉外皮，切成1cm厚，泡水，把水瀝乾備用。薯蕷削掉外皮，切成1cm厚的半月切。

2 用170℃的油，分別乾炸步驟1的蔬菜。用熱水去油後，再用濾網撈起，瀝乾水分。

3 把浸漬醬汁放進鍋裡加熱，煮沸後關火，趁熱放進步驟2的蔬菜，至少浸漬一小時。

4 把步驟3的蔬菜裝盤，裝滿醬汁，撒上磨碎的青柚子皮。

浸漬醬汁
材料／製作方法參考P.116

只要趁熱把蔬菜放進浸漬醬汁裡浸泡，味道就會更容易滲透。醬汁的量就以幾乎快淹過（八分滿左右）蔬菜的程度為準。

海軍豆鮮蝦沙拉

義大利也有使用豆類的料理，其中以喜歡豆類的托斯卡尼（Toscana）最聞名。除了海軍豆之外，鷹嘴豆也相當適合。鮮蝦帶殼烹煮，趁熱剝除蝦殼，然後和豆子混合。

材料（容易製作的分量）
海軍豆…100g
無頭蝦…10尾
蒜頭（切碎）…1瓣
檸檬汁…1/2顆
迷迭香…1/2支
洋香菜（切碎）…少許
紅洋蔥（略厚的片狀）…40g
EXV.橄欖油…適量
鹽巴…適量
胡椒…適量
義大利斑葉菊苣…適量
茴香芹…適量

MEMO
這道料理不適合使用小扁豆、腰豆等會產生甜味的豆子。蝦子只要在帶殼的狀態下，用加了3%鹽巴的熱水烹煮，就可以更添美味。

1 海軍豆在前一天浸泡在熱水裡，泡軟備用。

2 隔天，取出步驟1的海軍豆，把水充分瀝乾，放進鍋裡。放進橄欖油和迷迭香拌炒。

3 蝦子去除沙腸，在帶殼的狀態下，用鹽分濃度3%的熱水煮熟，趁熱剝除蝦殼。

4 把步驟3的蝦子、蒜頭、檸檬汁、洋香菜、紅洋蔥放進步驟2的鍋裡，加點橄欖油，進一步拌炒後，再用鹽巴、胡椒調味，關火直接放涼。

5 熱度消退後，放進冰箱靜置2小時後，盛裝在鋪了義大利斑葉菊苣的器皿裡，擺上茴香芹裝飾。

海鮮沙拉

海鮮沙拉是海洋國家——義大利各地都可以品嚐到的料理。經常使用芹菜來取代香菜，正是義大利魚貝沙拉的特色。也可以加上各種不同的醃菜。

材料（容易製作的分量）
墨魚…1/2尾
貽貝…10個
蝦子（去除沙腸）…4尾
章魚腳…1支
鹽巴…適量
紅葡萄酒醋※…30ml
EXV.橄欖油…90ml
平葉洋香菜…少許
芹菜（略厚的片狀）…1/2支
胡蘿蔔
　（烹煮後切成小丁塊狀）…30g
甜橙（切片）…適量

MEMO
使用紅葡萄酒醋製作出強烈的調味，就是關鍵。放進冰箱冷藏1小時，待味道充分吸收後，就可以裝盤上桌。

1　墨魚去除墨魚骨，取出內臟和墨袋，切除眼睛和墨魚嘴，去除外皮。

2　把3％的鹽巴放進熱水裡，放進貽貝、蝦子、章魚腳和步驟1的墨魚，煮熟後取出放涼。

3　步驟2的蝦子趁熱剝除外殼。墨魚切成便籤切，章魚切成塊狀。

4　步驟3的魚貝和步驟2的貽貝放進調理碗，加入紅葡萄酒醋、橄欖油和平葉洋香菜，稍微混合攪拌後，放進冰箱冷藏1小時左右。

5　把步驟4的食材盛裝在用甜橙裝飾的盤子裡，擺上芹菜、胡蘿蔔。

鴨胸肉蘋果沙拉

利用蘋果和檸檬，清爽品嚐鴨肉的濃郁，可當成小菜的沙拉。醬料使用檸檬醬和檸檬甜酒，增添濃郁感。也可以使用雞腿肉或豬肉來取代鴨肉，同樣相當對味。

材料（容易製作的分量）
鴨胸肉…1片
蘋果（紅玉。響板切）※…1/2顆
葵花籽油…適量
鹽巴…適量
胡椒…適量
檸檬醬※…70ml
松子…適量
胡桃（烘烤）…適量
菊苣菜…適量
胡蘿蔔葉…適量

檸檬醬
材料／製作方法參考P.117

1 鴨胸肉抹上鹽巴、胡椒，鴨皮朝下放進預熱葵花籽油的平底鍋，把兩面煎成焦黃色。

2 呈現焦黃色後，連同平底鍋一起放進160℃的烤箱裡，持續烘烤直到肉的中心部位呈現玫瑰色後，放涼備用。

3 步驟2的鴨肉切片，連同蘋果一起裝盤。淋上檸檬醬，撒上松子和胡桃。擺上菊苣菜和胡蘿蔔葉裝飾。

MEMO
蘋果使用帶有甜味且果肉結實的紅玉品種。配合醬料的濃郁口感，撒上堅果類的食材，形成味覺的重點。

花椰菜馬鈴薯沙拉

利用鯷魚的鹽味、蒜頭的香氣、橄欖油的濃郁，享受花椰菜和馬鈴薯的沙拉。花椰菜如果換成青花菜，就能在色澤和氣味上產生變化。

材料（容易製作的分量）
花椰菜…1株
馬鈴薯…2顆
紅洋蔥※…1顆
綠橄欖（壓碎）…40g
黑橄欖（壓碎）…40g
酸豆…40g
蒜頭（切碎）…5g
鯷魚（醬）…15g
白葡萄酒醋…40ml
EXV.橄欖油…60ml
鹽巴…適量
胡椒…適量
平葉洋香菜（切碎）…適量
平葉洋香菜（裝飾用）…適量
紫菊苣…適量

1 花椰菜和馬鈴薯分別用鹽分濃度3%的熱水烹煮。熟透後取出，花椰菜分成小朵。馬鈴薯剝除外皮，切成2cm左右的丁塊狀。

2 紅洋蔥切成略厚的片狀，泡水後，把水充分瀝乾。

3 把綠橄欖、黑橄欖、酸豆、蒜頭、鯷魚、白葡萄酒醋、橄欖油放進調理碗混合，用鹽巴、胡椒調味。

4 把步驟1和步驟2的食材、平葉洋香菜放進步驟3的調理碗裡充分混合，在常溫下放置10分鐘左右，放進冰箱冷藏半天後，把紫菊苣鋪在器皿裡，裝盤。

MEMO
因為使用的花椰菜和馬鈴薯色彩不夠鮮豔，所以就使用紅洋蔥來營造出鮮豔的色彩。希望做得更簡單的時候，也可以用加了鯷魚的美乃滋拌蔬菜。

牛肚甜橙沙拉

牛肚（網胃，牛的第二個胃）也可以用來製作沙拉，不過要燉煮
軟爛，去除腥味後再使用。就像是以醋味噌去品嚐重瓣胃（牛的
第三個胃）的感覺，用加了白葡萄酒醋的酸味醬料來享用牛肚。

材料（容易製作的分量）
網胃※…500g
預先調味用
（香味蔬菜、水、白葡萄酒、白葡萄
酒醋、鹽巴、月桂葉、胡椒粒、百里
香…各適量）
芹菜（切絲）…3支
胡蘿蔔（切絲）…1根
小黃瓜（切絲）…1根
白葡萄酒醋…100ml
甜橙味的橄欖油…80ml
鹽巴…適量
胡椒…適量
甜橙果肉…4瓣
紅胡椒…適量

1 網胃汆燙去除血水。把預先調味用
的材料全部放進鍋裡，放進清洗乾
淨的網胃，燉煮至軟爛程度後，取
出放涼備用。

2 步驟1的網胃切片，放進調理碗，加
入白葡萄酒醋、甜橙味的橄欖油，
充分混合攪拌。

3 把芹菜、胡蘿蔔、小黃瓜放進步驟
2的調理碗，充分混合，用鹽巴、
胡椒調味，在常溫下放置10分鐘左
右。

4 裝盤，擺上甜橙果肉裝飾。撒上紅
胡椒。

MEMO
汆燙去除血水、消除腥味的牛肚，連同
酸味和甜橙香味一起享用，就會變得更
加爽口。

根芹菜馬鈴薯沙拉
佐蛋黃醬

義大利風味的馬鈴薯沙拉創意料理。根芹菜又稱為西洋
芹球莖（Celeri rave），是芹菜的一種，主要吃的部位
是莖部。

材料（容易製作的分量）
根芹菜※…1/4顆
馬鈴薯…3顆
水煮蛋（切碎）…3顆
蛋黃醬※…適量
平葉洋香菜（切碎）…適量
鹽巴…適量
胡椒…適量
小番茄…適量
生菜…適量

蛋黃醬
材料／製作方法參考P.117

1　根芹菜和馬鈴薯分別剝除外皮，切成2cm的丁塊狀，用鹽
　　分濃度3%的熱水烹煮，熟透後取出放涼。

2　把步驟1的食材、水煮蛋、蛋黃醬、平葉洋香菜放進調理
　　碗混合，用鹽巴、胡椒調味。

3　把步驟2的食材盛裝在鋪了生菜的器皿裡面，隨附上小番
　　茄。

MEMO
根芹菜有著獨特的腥味，為了讓口感更加順口，所以要和馬
鈴薯搭配，並且和蛋黃醬拌勻。

馬自拉乳酪
甜橙沙拉

利用番茄和乳酪製作出卡布里沙拉的感覺，可
以交互品嚐到口味清淡的乳酪和香甜的柑橘
類。乳酪不容易入味，所以不要切得太大塊。

材料（容易製作的分量）
馬自拉乳酪（小）…100g
甜橙…1顆
鯷魚（魚片）…2片
酸豆…1小匙
個人喜歡的嫩芽※…適量
松子（炒過）…少許
甜橙味的橄欖油…適量

1 甜橙橫切成對半，一半切除外皮，切成片狀裝
   盤。剩下的另一半則預留下來裝飾用。
2 把馬自拉乳酪、切成細長狀的鯷魚、酸豆、嫩
   芽和松子撒在步驟1的盤上。
3 把步驟1剩下的甜橙切片，擺盤裝飾，淋上甜
   橙味的橄欖油。

MEMO
這道料理使用的蔬菜是嫩芽，如果換成薄荷葉，
就能更添風味。

茴香沙拉

利用當成香草使用的茴香的根切片製成的沙拉。為了運用茴香的獨特香氣,將茴香切成薄片,利用橄欖油和義大利綿羊起司品嚐。

材料(容易製作的分量)
生茴香…適量
EXV.橄欖油…適量
義大利綿羊起司(切片)※…適量

1　把茴香的根部切片擺盤,將葉子的部分擺在正中央。
2　淋上橄欖油,撒上義大利綿羊起司。

MEMO
義大利當地也經常使用義大利綿羊起司來搭配茴香的獨特風味。義大利綿羊起司是用羊乳製成,風味別具個性,同時也帶有鹽味,所以就算不使用調味料也沒問題。

辛辣墨魚
酸豆橄欖沙拉

下酒菜風格的魚貝類沙拉。享受檸檬和橄欖油的簡單調味。
使用肉質豐厚的軟絲或是章魚、蝦子，同樣也相當美味。

材料（容易製作的分量）
墨魚…2尾
小番茄（切4等分）…8顆
黑橄欖（切片）…4顆
綠橄欖（切片）…4顆
酸豆（醋漬）…10g
Sardella※…5g
檸檬汁…少許
EXV.橄欖油…適量
鹽巴…適量
胡椒…適量
芹菜葉…少許
白葡萄酒…適量
平葉洋香菜（切碎）…少許

1　墨魚去除內臟、眼睛、嘴和外皮，清洗乾淨備用。

2　把步驟1的墨魚、鹽巴、芹菜葉、白葡萄酒放進鍋裡加熱，食材變軟爛後，放涼。

3　取出步驟2的墨魚，切成便籤切，混入小番茄、黑橄欖、綠橄欖、酸豆、Sardella、檸檬汁、橄欖油，用鹽巴、胡椒調味後，裝盤。撒上平葉洋香菜。

MEMO
這道料理使用的Sardella是卡拉布里亞（Calabria）的傳統調味料。用鹽巴和辣椒醃漬銀魚而成，只需要極少分量，就能產生令人印象深刻的獨特味道。

牛肚溫沙拉

靈感來自於42頁的沙拉，作法更加簡單的一道。預
先烹煮的牛肚（網胃）進一步用清湯烹煮，製作成
沙拉。香氣十足的蒜油和牛肚的香甜格外契合。

材料（5人份）

網胃※…300g	雞清湯…600ml
	鹽巴、黑胡椒粒…各適量
※預先調味用	
洋蔥…500g	季節蔬菜
鹽巴…少許	（照片中是義大利斑葉菊苣、
白葡萄酒…90cc	芝麻菜、紫洋蔥）…適量
月桂葉…1片	檸檬…適量
黑胡椒粒…10粒	蒜油※…適量

蒜油
材料／製作方法參考P.117

1 牛肚用活水沖洗乾淨，放進水量淹過食材的鍋裡加熱，煮沸之後，
   用水把表面的浮沫或髒汙沖洗乾淨。
2 烹煮後的網胃再進一步烹煮。連同預先調味的材料一起放進壓力鍋
   加熱，冒出蒸氣後，繼續烹煮45分鐘，之後用濾網撈起放涼備用。
3 步驟2的網胃連同清湯一起放進鍋裡，加入鹽巴和黑胡椒粒，烹煮
   20分鐘左右。
4 網胃取出後，切成略大的塊狀，連同蔬菜一起裝盤。淋上蒜油。

MEMO
網胃的事前處理相當重要。煮沸一次後，再進一步利用蔬菜和香辛料
等一起烹煮。這個時候，只要使用壓力鍋，就可以縮短預先處理的時
間。

義式溫沙拉

皮埃蒙特大區的傳統料理。因為前菜多半都是使用生蔬菜，所以就以沙拉的形式介紹給大家。雖然醬料多半都會加上奶油，不過，正統的吃法是不加奶油，直接享受蔬菜的原味。

材料（1人份）
義式熱醬料※…約70ml

季節蔬菜
照片由前往後，朝順時針方向分別是：
蓮藕、芝麻菜、石蓮花、胡蘿蔔、綠蘿蔔、茴香、黑蘿蔔、黃金甜菜根、伏見紅辣椒

…各適量

義式熱醬料
材料／製作方法參考P.118

1 把義式熱醬料放進專用的缽裡面，連同季節蔬菜一起裝盤上桌。

MEMO
為了去除腥味，蒜頭要先用牛奶煮過。烹煮過後，味道會變得清淡，不要清洗直接使用。

鮭魚青花菜沙拉

這家餐廳的招牌料理——使用稍微烘烤，介於生食與煙燻之間的鮭魚。
青花菜快速烹煮的清脆口感，搭配青花菜醬，製作出層次豐富的沙拉。

材料（2人份）
挪威鮭魚（魚塊）…100g
鹽巴…適量
砂糖…適量
櫻桃木屑（煙燻用）…50g
青花菜…15g
迷你紅紫蘇…3g
迷你青紫蘇…3g
食用花卉（Edible flower）…適量
塔塔醬※…10g
開心果…適量
青花菜醬※…20g

青花菜醬
材料／製作方法參考P.118

塔塔醬

材料（準備量）
西洋黃芥末粉…120g
蛋黃…4顆
洋蔥…6顆
小黃瓜…3條
胡蘿蔔…3條
醋漬香艾菊…1/2支
檸檬…2顆
水煮蛋…4顆
捲葉洋香菜…適量
醋…適量
沙拉油…3.6ℓ

1　蔬菜切成碎末，泡水。水煮蛋、醋漬香艾菊也要切碎。
2　混入蛋黃和芥末粉，加入適量的醋。慢慢混入沙拉油攪拌，製作出美乃滋。
3　放進步驟1切碎的材料，加入檸檬汁，最後用鹽巴調味。

1　鮭魚使用靠近頭部的1/4部位。魚頭附近的魚肉較厚實。抹上鮭魚重量1.5%的鹽巴、砂糖，醃泡後放置一天。
2　開心果切成碎末，用160℃的烤箱稍微烘烤約五分鐘，不要烤出焦色。
3　把櫻桃木屑放進中華鍋，放上烤網，把步驟1的鮭魚放在烤網上，煙燻一分鐘半。
4　煙燻過的鮭魚放涼後，放進真空包裝袋，放進設定成蒸氣模式、38℃的蒸氣烤箱裡面。
5　從蒸氣烤箱取出的鮭魚，放涼後切成對半，菜刀從魚皮和魚肉之間入刀，將魚皮剝除。把塔塔醬抹在剝除魚皮的部位。
6　把步驟1的開心果抹在塔塔醬的部位。
7　青花菜醬鋪底，接著把鮭魚裝盤。
8　把用鹽水烹煮的青花菜擺盤。擺上迷你青紫蘇和迷你紅紫蘇，撒上食用花卉。

花枝芹菜
水果番茄沙拉

用臺灣香檬和橄欖油醃泡,品嚐水果番茄、豆苗、軟絲的清爽酸味。海膽的美味與入口即化的舌尖觸感,和切片芹菜的清脆口感巧妙的融合在一起。

材料（2人份）
水果番茄…1/2顆
豆苗…10g
軟絲…40g
芹菜…10g
海膽…10g
酢醬草…3片
鹽巴…適量
水果番茄醬※…20g
醃泡液※…適量

水果番茄醬
材料／製作方法參考P.118

醃泡液

EXV.橄欖油…適量
臺灣香檬汁…適量
鹽巴…適量

1　水果番茄去除種籽,切成2cm的丁塊狀。把水果番茄、豆苗、軟絲和醃泡液一起放進真空包裝袋裡,放進冰箱裡醃泡一晚。

2　依序將水果番茄醬、軟絲、番茄、豆苗、海膽、芹菜裝盤。最後附上酢醬草,撒上鹽巴。

櫻花蝦火腿馬鈴薯沙拉

利用自家製美乃滋和辣椒粉拌製而成的馬鈴薯沙拉。享受烹煮後乾炸的櫻花蝦口感,以及略帶鹽味的火腿。附上橫山園藝的繁星花(食用花卉),做出一口大小的可愛擺盤。

材料（2人份）
櫻花蝦…20g
生火腿…20g
馬鈴薯…2顆
白葡萄酒醋…10ml
辣椒風味的美乃滋※…適量
美乃滋…適量

1　櫻花蝦烹煮後,乾炸。
2　馬鈴薯在帶皮的狀態下烹煮,然後製成馬鈴薯泥。
3　生火腿切成一口大小。
4　把步驟1的櫻花蝦、步驟2的馬鈴薯泥、步驟3的生火腿,和美乃滋、白葡萄酒醋放進調理碗混合。
5　把馬鈴薯沙拉裝盤,附上辣椒風味的美乃滋和繁星花。

辣椒風味的美乃滋

材料（準備量）
蛋黃…1顆
西洋黃芥末粉…1大匙
醋…30～40ml
沙拉油…1000ml
辣椒粉…適量

1　蛋黃、芥末粉和醋,用打泡器混合攪拌。
2　慢慢把沙拉油加進步驟1的碗裡混合,讓醬料乳化。
3　混入辣椒粉。

香魚黃瓜紫蘇沙拉

把香魚分成三個部分烹調，溫油慢煮後製成魚漿、煙燻和乾炸，最後拼成整尾的形狀裝盤。從頭到尾，都可以品嚐到不同的味道。利用帶有鰻魚香氣的黃瓜橄欖醬和菠菜粉，妝點出香氣豐富的鮮豔色澤。

材料（2人份）
香魚…2尾
鹽巴、砂糖、櫻桃木屑…適量
百里香…1支
月桂葉…1片
小黃瓜…1條
菠菜粉…適量
迷你紅紫蘇…3g
迷你青紫蘇…3g
蒔蘿花…適量
沙拉醬※…適量
黃瓜橄欖鰻魚醬※…10g

黃瓜橄欖鰻魚醬
材料／製作方法參考P.118

1　製作香煎香魚。整尾香魚連同鹽巴、百里香和月桂葉一起放進真空包裝袋，醃泡一晚。把醃泡過的香魚，用80℃的沙拉油溫油慢煮4小時。溫油慢煮之後，放進攪拌機攪拌過濾，製作成魚漿。

2　把另一尾香魚削切成三片，抹上鹽巴和細砂糖，用櫻桃木屑煙燻一分鐘半。

3　把步驟1的魚漿抹在步驟2煙燻好的香魚腹部上面，再把步驟2削切成三片後煙燻的香魚身體黏回去，恢復整尾魚的形狀。

4　把步驟3的香魚頭和尾巴切掉，用160℃的烤箱加熱3小時。然後放進油鍋乾炸，再拼回整條魚的形狀。

5　小黃瓜用切片器削成薄片，放進鍋子稍微汆燙後，拌沙拉醬，捲成圓筒狀。

6　製作菠菜粉。用廚房紙巾夾住菠菜葉，用微波爐加熱3分鐘後，放進攪拌機攪拌成粉末。

7　裝盤，讓步驟4的香魚直立，宛如正在悠游一般。四周擺上步驟5捲成圓筒狀的小黃瓜。撒上菠菜粉，擺上迷你青紫蘇、迷你紅紫蘇，淋上黃瓜橄欖鰻魚醬。最後擺上蒔蘿花裝飾。

沙拉醬

材料（準備量）
醋…375ml
洋蔥…50g
芹菜…19g
蒜頭…6g
沙拉油…750ml
淡口醬油…160ml
黑胡椒…8g
鹽巴…適量

1　把一半分量的醋、洋蔥、芹菜、蒜頭放進攪拌機攪拌。

2　接著，加入剩下的材料，進一步攪拌均勻。

章魚佐西班牙凍湯
和章魚橄欖醬

符合夏季感覺的西班牙凍湯和章魚黑橄欖醬，利用這兩種醬料品嚐北太平洋巨型章魚和海葡萄。西班牙凍湯通常都是使用番茄、紅甜椒、芹菜等蔬菜，可說是喝的沙拉。章魚橄欖醬也凝縮了番茄的鮮味。

材料（2人份）
北太平洋巨型章魚…1/4尾
海葡萄…適量
紅脈酸模…適量
橄欖…適量
麵包粉…適量
章魚橄欖醬※…30g
西班牙凍湯※…30g

章魚橄欖醬
材料／製作方法參考P.119

西班牙凍湯
材料／製作方法參考P.119

1　製作橄欖粉。把橄欖和麵包粉放進攪拌機攪拌，再用食品乾燥機烘乾。

2　巨型章魚用熱水汆燙後，剝除外皮。切下吸盤，其他部分則切成一口大小的片狀。

3　把章魚和海葡萄裝盤。淋上章魚橄欖醬和西班牙凍湯。撒上橄欖粉，最後再擺上紅脈酸模。

烤蕪菁沙拉
佐蕪菁培根蛋麵醬

利用三種烹調法，享受蕪菁的各種口感和風味的沙拉。整顆烘烤，進一步誘出甜味的蕪菁。半乾燥蕪菁用奶油香煎。切成麵條狀的蕪菁則製成濃醇的培根蛋麵風味。

材料（2人份）
蕪菁（半乾燥用）…1/4顆
蕪菁（烘烤用）…1顆
蕪菁（培根蛋麵用）…1顆
奶油…10g
鹽巴…適量
金盞花的花瓣…適量
平葉洋香菜…適量
培根蛋麵醬※…適量

培根蛋麵醬
材料／製作方法參考P.119

1　製作半乾燥蕪菁。蕪菁切片後，用食品乾燥機烘乾。放進鍋裡炒，讓蕪菁充分吸入奶油。最後用鹽巴調味。

2　製作烤蕪菁。在蕪菁上面塗抹奶油，包覆鋁箔，用180℃的烤箱烘烤30分鐘。烘烤至竹籤可以刺穿的軟爛程度。

3　蕪菁切成細條，快速汆燙。

4　把步驟3的蕪菁和培根蛋麵醬混在一起加熱，讓味道充分吸收。

5　把步驟4的蕪菁培根蛋麵醬、步驟2的烤蕪菁、步驟1的半乾燥蕪菁裝盤。撒上切碎的平葉洋香菜，擺上金盞花的花瓣。

蠑螺沙拉和
蠑螺肝拌香草沙拉

用香蒜奶油涼拌厚實多汁且嚼勁十足的蠑螺和毛豆。各種
細小香草的沙拉，則是利用微苦的美味蠑螺肝和自家製的
沙拉醬拌製。辛辣的金蓮花葉正是美味的關鍵。

材料（2人份）
蠑螺…1顆
毛豆…20g
香蒜奶油…30g
麵包粉…5g
迷你芹菜…少許
迷你平葉洋香菜…少許
迷你茴香…少許
迷你茴香芹…少許
迷你金蓮花葉…適量
蠑螺肝醬※…30g

蠑螺肝醬
材料／製作方法參考P.119

1　蠑螺烹煮後，切成一口大小。毛豆用鹽水煮熟。用香蒜奶
　　油拌勻後，放進平底鍋快炒。

2　蠑螺肝醬和香草類食材（迷你平葉洋香菜、迷你茴香、迷
　　你茴香芹、迷你芹菜）拌勻。

3　連同蠑螺殼一起裝盤，把步驟1的食材盛裝在蠑螺殼裡面，
　　撒上麵包粉。用火焰噴槍炙燒表面。

4　把蠑螺肝和香草沙拉裝盤，隨附上金蓮花葉。

珍珠雞沙拉

把絞肉、內臟和洋蔥放進真空包裝袋，用蒸氣烤箱加熱之後，再用雞腿肉捲起來加熱，烹製出味道更具層次的珍珠雞。大量的美生菜，加上洋香菜油，以及把三種起司混進鮮奶油裡的濃醇起司醬。

材料（2人份）
美生菜…適量
碗豆鬚（豆嫩芽）…適量
珠雞的雞胸肉…1片
洋蔥…30g
雞蛋…0.5顆
珠雞的內臟…半隻的量
珠雞的雞腿肉…1片
洋香菜油※…10ml
起司醬※…10g＋鮮奶油20g

洋香菜油
材料／製作方法參考P.120

起司醬
材料／製作方法參考P.120

1　把珠雞的肉切成碎末。

2　把洋蔥切成碎末，稍微香煎。

3　把絞肉、洋蔥、雞蛋（增加黏性）、內臟放進調理碗混合。捏成圓形之後，用鋁箔捲起來，放進真空包裝袋。放進設定成蒸氣模式、72℃的蒸氣烤箱裡面，加熱直到中心溫度達67℃為止。

4　放涼後，用剖成薄片的雞腿肉，把步驟3的食材捲起來，用鋁箔包起來，放進真空包裝袋。放進設定成蒸氣模式、72℃的蒸氣烤箱裡面，加熱直到中心溫度達67℃為止。

5　用平底鍋僅把表面煎成焦黃色。

6　用適當大小的美生菜鋪底，把肉切成一口大小，裝盤。連同洋香菜油和起司醬一起上桌，隨附上碗豆芽。

牛頰肉大地沙拉

把確實染上紅酒色彩的牛頰肉放在石盤上，擺上比擬成泥土的蘑菇粉，最後再妝點色彩鮮豔的蔬菜。蘆筍用水煮，胡蘿蔔採用糖漬、番茄直接生吃，採用各種能誘出食材美味的烹調方法。

材料（2人份）

和牛頰肉…1公斤	胡蘿蔔…適量
紅酒…100ml	砂糖…適量
鹽巴…適量	奶油…10g
小牛高湯…30g	馬鈴薯泥…20g
蘆筍…1支	垂盆草…適量
聖莫札諾番茄…1/4顆	蘑菇粉…適量

1 和牛頰肉抹上1%的鹽巴，倒進幾乎快淹過牛頰肉的紅酒，放進真空包裝袋。在設定成蒸氣模式、70℃的蒸氣烤箱裡放置36個小時。

2 從真空包裝袋裡取出和牛頰肉，把袋內的紅酒湯汁和小牛高湯放進鍋裡加熱，收乾湯汁。加入奶油增加濃度，製作出肉醬。

3 把和牛頰肉放進設定成烤箱模式、80℃的蒸氣烤箱裡面，製作成照燒。取出後分切。

4 製作糖漬胡蘿蔔。把奶油和砂糖放進平底鍋，製作出糖漬胡蘿蔔。

5 蘆筍用鹽水烹煮。

6 牛肉擺盤，鋪上馬鈴薯泥，擺上蘆筍、胡蘿蔔、聖莫札諾番茄，做出宛如大地般的視覺效果。擺上垂盆草。撒上蘑菇粉。

煙燻鴨胡蘿蔔沙拉
佐胡蘿蔔泥醬

乍看之下鴨肉似乎是主角，但事實上真正的主角是胡蘿蔔。
把鴨骨熬出的肉汁、胡蘿蔔泥、紫蘿蔔泥、乾炸的胡蘿蔔葉
混在一起，可品嚐到各種不同的胡蘿蔔風味，利用胡蘿蔔的
餘韻鎖住美味的一盤。鴨肉分兩次燻製，讓鴨肉的櫻桃木香
氣更加濃厚。

材料（2人份）
鴨胸肉⋯半身
鹽巴、胡椒⋯適量
櫻桃木屑⋯適量
白胡蘿蔔⋯1塊
白胡蘿蔔（綠色部分）⋯1塊
小胡蘿蔔⋯1根
胡蘿蔔葉⋯1根的分量（適量）
紫蘿蔔泥醬※⋯20g
胡蘿蔔泥※⋯10g
鴨肉汁胡蘿蔔泥醬※⋯20g

紫蘿蔔泥醬
材料／製作方法參考P.120

胡蘿蔔泥
材料／製作方法參考P.120

鴨肉汁胡蘿蔔泥醬
材料／製作方法參考P.121

1 鴨胸肉切出格子狀的刀痕，撒上鹽巴、
胡椒。用櫻桃木屑燻製1分鐘半，之後用
平底鍋香煎鴨皮部分。

2 放進真空包裝袋，用設定成蒸氣模式、
67℃的蒸氣烤箱，加熱至中心溫度達到
57℃為止。

3 乾炸胡蘿蔔葉。白胡蘿蔔切成一口大
小，用設定成蒸氣模式、100℃的蒸氣烤
箱加熱至軟嫩程度。

4 從蒸氣烤箱內取出鴨胸肉，進一步把鴨
皮煎得酥脆，用煙燻槍進行燻製。

5 把鴨肉、白胡蘿蔔和胡蘿蔔葉裝盤。搭
配紫蘿蔔泥醬、胡蘿蔔泥、鴨肉汁胡蘿
蔔泥醬一起上桌。

青辣椒芫荽沙拉

把中國東北地方的傳統涼拌蔬菜「老虎菜」製作成沙拉。淋上運用山椒油製成的酸辣醬，芫荽和青辣椒的搭配，讓香氣和辣味的個性更具複雜的餘韻。

材料（1盤）
青辣椒…適量
芫荽…適量
紅洋蔥（切片）…適量
蒔蘿…適量
白蔥（切絲）…適量
小黃瓜（切片）…適量
檸檬（月牙切）…1塊
老虎菜醬料※…適量

老虎菜醬料
材料／製作方法參考P.121

1　青辣椒斜切成條狀。蒔蘿切成容易食用的大小。
2　把紅洋蔥、小黃瓜片、白蔥絲混合裝盤，淋上老虎菜醬料。
3　在上面擺上蒔蘿和芫荽，隨附上檸檬。

酪梨鮪魚沙拉

酪梨和紅肉的鮪魚相當對味。用辣油調製出帶有中國風味的味道。在辣油裡面混入芝麻油、醬油、砂糖的紅油醬，能夠讓搭配的生蔬菜更加美味。

材料（1盤）
酪梨…1/2顆
鮪魚…50g
白蘿蔔（切絲）…適量
貝割菜…適量
白蔥（切絲）…適量
茴香芹…適量
紅油醬※…適量

紅油醬
材料／製作方法參考P.121

1　鮪魚切成丁塊狀。
2　酪梨切成對半，挖出種籽，用湯匙挖出果肉。切成和鮪魚相對應的大小。
3　把白蘿蔔絲和貝割菜裝盤，將酪梨殼放在上面，放進鮪魚和酪梨，淋上紅油醬。
4　在上面裝飾白蔥絲和茴香芹。

鮮蝦季節水果沙拉
佐美乃滋醬

日本對蝦煮熟後，泡鹽水冷卻，預先調味。乳狀的美乃滋醬和新鮮水果，和甜味截然不同的鮮蝦組合，讓鮮蝦的鮮甜更加鮮明。辣椒粉是主要的味覺重點。

材料（1盤）
日本對蝦…4尾
芒果…1塊
無花果…1塊
奇異果…1塊
桂花番茄…1顆
幼嫩葉蔬菜…適量
炸餛飩皮…適量
鹽巴…適量
辣椒粉…適量
美乃滋醬※…適量

美乃滋醬
材料／製作方法參考P.121

1　日本對蝦煮熟後，浸泡鹽水冷卻，預先調味後，剝除蝦殼。

2　把幼嫩葉蔬菜和炸餛飩皮放在小碟中，擺上芒果、無花果、桂花番茄、奇異果。

3　分別擺上1尾鮮蝦，淋上美乃滋醬。

4　撒上辣椒粉。

鰤魚中式生魚片沙拉
佐翡翠醬

使用大量青蔥，用醬油風味的醬料，清爽品嚐
油脂豐富的鰤魚。混入腰果和炸餛飩皮，並依
個人喜好，利用花生油調整味道。鯛魚、比目
魚也相當適合。

材料（1盤）
鰤魚…6塊
白蘿蔔（切絲）…適量
貝割菜…適量
腰果（切碎）…適量
炸餛飩皮…適量
芫荽…適量
花生油…適量
翡翠醬※…適量

翡翠醬
材料／製作方法參考P.122

1　把白蘿蔔絲、貝割菜擺在器皿中央，將鰤魚
　　的魚片擺在上面。
2　在鰤魚的周圍擺上炸餛飩皮、碎腰果、芫
　　荽。
3　最後附上翡翠醬和花生油。

皮蛋豆腐沙拉
佐山椒醬

味道清淡的豆腐、氣味獨特的皮蛋和芫荽的組合。柔嫩的豆腐、清脆的榨菜和小黃瓜的組合。儘管分量不多，卻能充分享受到味道的有趣對比。醬料就採用生薑和山椒製成的爽口醬油。

材料（1盤）
豆腐…1/4塊
皮蛋…1/2顆
榨菜…適量
小黃瓜…適量
番茄…適量
白蔥（切絲）…適量
芫荽…適量
椒麻醬※…適量

椒麻醬
材料／製作方法參考P.122

1　豆腐切成偏小的丁塊狀。
2　皮蛋切成與豆腐相對應的大小。
3　榨菜、小黃瓜、番茄切成略粗的碎末，用椒麻醬拌勻。
4　豆腐裝盤，擺上步驟3的食材。
5　擺上芫荽和白蔥絲裝飾。

牛角蛤蘿蔔
甜菜根沙拉

利用色澤鮮豔的甜菜根，誘出牛角蛤的美味。淋上大量用甜椒和火蔥製成的義式沙拉醬。沙拉醬加上麵包粉之後，就會變得黏稠，口感清爽的同時牛角蛤也能充分裹滿醬汁。

材料（1盤）
牛角蛤的貝柱…1個
櫛瓜…適量
黃櫛瓜…適量
白蘿蔔…適量
甜菜根…適量
甜椒…適量
香味蔬菜醬※…適量

香味蔬菜醬
材料／製作方法參考P.122

1　牛角蛤的貝柱切成薄片。

2　櫛瓜切成薄片。白蘿蔔、甜椒和甜菜根切成細絲。

3　把櫛瓜排列在盤子裡，將牛角蛤擺在上面。

4　擺上甜菜根、白蘿蔔、甜椒，淋上香味蔬菜醬。

鮮蝦酪梨生春捲

把生蔬菜捲製作成中國風味。在甜辣醬裡添加蒜頭酥和芫荽，再進一步加上砂糖和檸檬汁，製作成濃郁且香氣濃厚的醬汁。除了日本對蝦之外，也很適合搭配蒸雞肉、烤豬肉。

材料（1盤）
日本對蝦…1尾
生春捲皮…1片
酪梨…1/2顆
紅甜椒…1/2個
水菜…適量
檸檬（月牙切）…1塊
甜辣醬※…適量

甜辣醬
材料／製作方法參考P.122

1　用水把生春捲皮泡軟。
2　日本對蝦用水煮熟後，浸泡鹽水冷卻，剝掉蝦殼。切成薄片。
3　酪梨的果肉切成薄片，紅甜椒切成細條。
4　把生春捲皮攤平，放上水菜、鮮蝦、酪梨、甜椒，捲成春捲。
5　春捲切成對半，裝盤。隨附上甜辣醬、檸檬塊。

蘿蔓萵苣
溫蔬菜沙拉

簡單且美味的港式溫蔬菜沙拉。蘿蔓萵苣要
事先烹煮，但關鍵是必須保留清脆的口感。
起鍋後，淋上蠔油，享受香氣四溢的萵苣和
醬汁的美味。

材料（1盤）
蘿蔓萵苣…適量
鹽巴…少許
砂糖…少許
沙拉油…少許
蠔油…適量

1　蘿蔓萵苣撕成適當的大小。
2　把水煮沸，加入少許的鹽巴、砂糖和沙拉
　　油。
3　把步驟1的蘿蔓萵苣放進熱水裡汆燙。
4　趁蘿蔓萵苣仍呈現溫熱的時候，淋上蠔油。

阿古豬五花
溫蔬菜蒸籠
佐海鮮醬油

以醬油為基底的醬料，加上魚露提味。這種醬料搭配蒸煮根莖蔬菜、菜葉蔬菜、香菇，還有豬肉、雞肉、魚貝類等各種食材都相當速配。蒸煮食材只要搭配出鮮豔色彩就行了。

材料（1盤）
阿古豬五花肉…4塊
青花菜…1朵
青江菜…2片
蘆筍…1支
杏鮑菇…1/3支
玉米…1/5支
番薯…1/5條
甜椒…1/8個
芫荽…適量
海鮮醬油※…適量

海鮮醬油
材料／製作方法參考P.123

1　所有蔬菜清洗乾淨，切成容易食用的大小，和豬五花肉塊一起放進蒸籠蒸煮。
2　蒸好之後，隨附上海鮮醬油和芫荽上桌。

涮牛肉和
夏季蔬菜沙拉冷麵
佐豆漿芝麻醬

利用豆漿和芝麻醬製作的醬料，品嚐沙拉風味的冷麵。醬料相當濃郁，所以就算搭配大量的蔬菜，最後仍不會有水分過多的感覺。用辣油和西洋黃芥末提味，讓人百吃不膩。

材料（1盤）
牛里肌肉（切片）…50g
香港麵…110g
幼嫩葉蔬菜…適量
貝割菜…適量
番茄…1/2個
秋葵…1支
玉米…1/8支
檸檬（月牙切）…1塊
豆漿芝麻醬※…適量

豆漿芝麻醬
材料／製作方法參考P.123

1　秋葵烹煮後，斜切成片。玉米烹煮後，切成適當的厚度。番茄切成月牙切。
2　幼嫩葉蔬菜和貝割菜混在一起。
3　麵條烹煮後，用冷水清洗，把水瀝乾備用。
4　牛里肌肉快速烹煮，肉的顏色改變即可撈起。
5　麵條裝盤，把牛肉鋪在上方，接著鋪上步驟2的食材，秋葵、番茄、玉米擺在四周，最後淋上豆漿芝麻醬。
6　擺上檸檬塊。

櫛瓜青醬沙拉

把青醬和用刨刀削成薄片的櫛瓜重疊成千層派的模樣後，切齊兩端。利用蔬菜和青醬簡單組合，就能充分發揮食材的原始美味。

材料（1個磅蛋糕模型（180 × 75 × 高50mm）的分量）
櫛瓜…3條
青醬※…適量
黑胡椒…少許
EXV.橄欖油…適量

1　櫛瓜用刨刀縱削成薄片。
2　把保鮮膜緊密鋪在磅蛋糕模型裡面，依照模型的形狀，把步驟1的櫛瓜鋪在模型裡面，塗上青醬。再進一步依序反覆重疊上櫛瓜和青醬。
3　把步驟2的食材放進冰箱，待櫛瓜變軟後取出，切成符合個人喜好的大小。
4　把步驟3的食材裝盤，最後撒上黑胡椒，淋上橄欖油。

MEMO
＊青醬用的羅勒如果經過清洗，香氣就會變淡且容易變色，所以要直接使用，不要清洗。
＊這種青醬的特色是，帕馬森乾酪的用量比一般青醬來得多。因為呈濃醇的膏狀，所以較黏稠且不容易滴落。用橄欖油加以稀釋後，也可以拿來作為義大利麵的醬料。

青醬

材料（容易製作的分量）
蒜頭…2瓣
松子…25g
羅勒（生）※…50g
EXV.橄欖油…100ml
帕馬森乾酪（粉）…50g
鹽巴、黑胡椒…各少許

製作方法
松子用平底鍋稍微炒過。和剩下的材料一起放進攪拌機攪拌。過於黏稠，不容易攪拌的時候，就斟酌添加橄欖油。

整顆番茄的卡布里沙拉

把鮮紅的整顆番茄當作容器，完整塞滿馬自拉乳酪的大膽
呈現方式，就是這道料理的重點。新鮮羅勒和橄欖油一起
攪拌，製作出風味絕佳的羅勒醬。

材料（1盤）
番茄…1大顆
馬自拉乳酪…1大塊
結晶鹽…適量
黑胡椒粒…適量
EXV.橄欖油…適量
羅勒（裝飾用）…少許
羅勒醬※…適量

羅勒醬
材料／製作方法參考P.123

1　準備較大顆的番茄，菜刀從蒂頭入刀，挖出可以塞進整塊
　　馬自拉乳酪的凹洞。把番茄的底部切成平面，讓番茄可以
　　平穩放在盤上。

2　把馬自拉乳酪塞進步驟1的番茄裡面。

3　把羅勒醬倒在盤子中央作出圓形，放上步驟2的番茄，裝飾
　　上羅勒葉。最後，撒上搗碎的結晶鹽、黑胡椒，淋上橄欖
　　油。

MEMO
容易腐爛的羅勒和油混合後，不僅可以防止變色，還能延長保存
期限。義大利麵、三明治、披薩等料理也可以使用。

西洋菜 & 葡萄柚沙拉

用清爽的醃泡檸檬沙拉醬，品嚐帶有微苦魅力的西洋菜和葡萄柚。除了葡萄柚之外，八朔等略帶苦味的柑橘類也很適合。

材料（2人份）
西洋菜※…1把
葡萄柚（紅肉）※…1顆
檸檬皮…1/2顆
醃泡檸檬沙拉醬※…適量

醃泡檸檬沙拉醬
材料／製作方法參考P.123

1　西洋菜切成對半。葡萄柚去掉外皮，取出果肉。
2　把步驟1的葡萄柚浸泡在醃泡檸檬沙拉醬裡面，醃泡30分鐘左右。
3　把步驟1的西洋菜加進步驟2的食材裡粗略拌勻，裝盤，最後撒上削切的檸檬皮。

MEMO

＊用沙拉醬醃泡葡萄柚，在味道滲透的同時，沙拉醬也會充滿葡萄柚的香氣，讓整體的味道和香氣更顯均勻。

＊葡萄柚也可以使用個人喜歡的種類（紅肉、白肉、粉紅色果肉等）。

＊西洋菜等到準備上桌的時候再拌入沙拉醬，就可以維持色澤、保留口感。除了西洋菜之外，也可以使用芝麻菜、芫荽、沙拉菠菜等蔬菜。

用沙拉醬醃泡後，沙拉醬也會充滿果肉的味道，整體的味道就會更一致。

四季豆沙拉

四季豆、甜豆、毛豆、蠶豆、豆苗等綠色食材交織出清爽印象，相當符合初夏氛圍的沙拉。只要預先醃泡，隨時都可以裝盤上桌。

材料（容易製作的分量）
四季豆…100g
毛豆（含豆莢）…200g
蠶豆（含豆莢）※…400g
豆苗…1/2包
香蒜沙拉醬※…適量

1　四季豆切除蒂頭部分。蠶豆去除豆莢，用菜刀在豆子的凹陷處切出刀痕。四季豆和蠶豆分別用鹽分2％的熱水烹煮至略硬程度。毛豆用剪刀剪掉前端，用鹽分4％的熱水烹煮至略硬程度。
2　豆苗切成容易食用的大小。
3　步驟1的豆類趁溫熱的時候，用香蒜沙拉醬拌勻後，醃泡10分鐘左右。上桌之前，把豆苗切成容易食用的寬度，加進沙拉醬裡面，拌勻整體後裝盤。

MEMO
＊蠶豆只要預先切出刀痕，鹽味就會更容易入味，果實也更容易鬆透。
＊豆類趁溫熱的時候，用沙拉醬醃泡，味道就會更容易滲入。
＊只要預先冷藏，和蒜香沙拉醬一起拌勻，也可以製成冷製義大利麵。

只要預先用沙拉醬拌勻烹煮好的豆類，就可以隨時上桌。

香蒜沙拉醬

材料（容易製作的分量）
蒜泥…2瓣
EXV.橄欖油…30ml
白葡萄酒醋…20ml
檸檬汁…1大匙
蜂蜜…1大匙

醬油…2小匙
鹽巴、黑胡椒…各少許

製作方法
把所有的材料放進調理碗，用打泡器充分攪拌。

櫻桃和香味蔬菜的
大麥總匯沙拉

也可以當成主食，口感絕佳的沙拉。把各種不同的材料切成
細小顆粒，用沙拉醬拌勻，就可以一次享受到各種豐富口感
和美味。

材料（容易製作的分量）
櫻桃…10顆
紫洋蔥（碎末）…1/4顆
芹菜（碎末）…1支
大麥（鹽水烹煮）※…100g
綠橄欖（去除種籽）…50g
茅屋起司…50g
核桃…20g
蜂蜜芥末醬※…適量
茴香芹…少許

蜂蜜芥末醬
材料／製作方法參考P.124

1 芹菜、紫洋蔥分別撒上鹽巴，放置一段時間。用廚房紙巾吸
   乾釋出的水分。
2 櫻桃橫切出刀痕，去除種籽。綠橄欖切成對半。核桃敲碎備
   用。
3 把步驟1和步驟2的食材放進調理碗，加入茅屋起司，用適量
   的蜂蜜芥末醬拌勻。
4 把大麥、櫻桃、步驟3的食材依序裝盤，最後擺上茴香芹裝
   飾。

MEMO
＊大麥用加了10％鹽巴的熱水烹煮，
  淋上適量的EXV.橄欖油（分量外）
  備用。如此就能更容易和其他食材
  混合。
＊如果作為主食，照片中的分量是1人
  份左右，如果當成點心的話，大約
  是2～3人份左右。

大麥也可以換成藜麥或個
人喜歡的豆類，同樣用鹽
水烹煮後，再用油拌勻，
就可以品嚐到不同的風
味。

嫩菇萵苣沙拉

把鮮味豐富的香菇製成蒜香嫩煎，再和萵苣一起拌炒的熱沙拉。煎過的香菇可以長時間存放，而且用途相當廣，只要預先做出大量備用，就會更加便利。

材料（容易製作的分量）
舞茸…1包
蘑菇…1包
杏鮑菇…1包
萵苣…適量
蒜頭…3瓣
紅辣椒…2條
橄欖油…適量
鹽巴、黑胡椒…各適量
紅胡椒…適量

1　菇類分別切成容易食用的大小備用。萵苣撕碎備用。
2　把橄欖油和蒜頭放進平底鍋用小火加熱，產生香氣後，加入紅辣椒。
3　把步驟2的食材加入步驟1的菇類中，撒上鹽巴、黑胡椒後嫩煎。菇類變軟並確實收乾湯汁後關火，放進撕碎的萵苣，粗略混合整體。
4　把步驟3的食材裝盤，加上用手指壓碎的紅胡椒。

嫩煎的菇類也可以當成家常菜。也可以當成義大利麵、抓飯、三明治、湯等料理的食材。

MEMO
嫩煎的菇類只要增加橄欖油的分量，就成了「蒜炒」。

根莖蔬菜的香味沙拉

可以享受多種豐富口感的根莖蔬菜沙拉。分別炸過後，用微辣的甜醋沙拉醬醃泡。最後只要加上炸得酥脆的牛蒡，就可以形成味覺重點，享受更豐富的口感。

材料（容易製作的分量）
蓮藕…200g
牛蒡…1支
山藥…200g
牛蒡（飾頂配料）…適量
香味甜醋沙拉醬※…適量
炸油…適量

香味甜醋沙拉醬
材料／製作方法參考P.124

1　牛蒡削皮，切成容易食用的大小。蓮藕、山藥分別削皮，切成厚度1cm的片狀。飾頂配料用的牛蒡用刨刀削成薄片後，泡水。

2　步驟1的蓮藕和山藥，分別用較多的油乾炸後，撒鹽，預先調味。

3　飾頂配料用的牛蒡把水瀝乾，炸至酥脆程度後，撒鹽備用。

4　製作香味甜醋沙拉醬，趁熱放進步驟2的根莖蔬菜浸泡。

5　待食材入味後，連同沙拉醬一起裝盤，擺上飾頂用的牛蒡脆片。

MEMO
＊只要把根莖蔬菜浸泡在溫熱的沙拉醬裡面，味道就能更容易滲入。
＊剛完成時，當然相當美味，不過冷卻之後也同樣好吃。
＊連同沙拉醬一起，把根莖蔬菜鋪在烹煮後的麵條上面，就能成為麵條料理，如果再加上魚或肉丸子，就能成為主菜。

和風凱薩沙拉

用西式凱薩沙拉醬拌日式的香味蔬菜，調製出和洋合璧、
令人上癮的美味。為了保留菜葉蔬菜的口感，關鍵就是直
到上桌前才拌入沙拉醬。

材料（2～3人份）
茼蒿…1/3包
鴨兒芹…1/2包
青紫蘇…4片
水菜…1/3包
凱薩沙拉醬※…適量
帕馬森乾酪（塊狀）…適量
麵包丁…適量
鰻魚（魚片）…4片
粗粒黑胡椒…適量

凱薩沙拉醬
材料／製作方法參考P.124

1　茼蒿摘下菜葉。水菜和鴨兒芹分別切成3cm長。青紫蘇撕
　　碎備用。

2　把步驟1的所有蔬菜放進調理碗混合，在凱薩沙拉醬裡加入
　　麵包丁、2片鰻魚片，粗略拌勻整體。

3　把步驟2的食材裝盤，擺上2片鰻魚片和削切成片的帕馬森
　　乾酪，最後撒上大量的粗粒黑胡椒。

MEMO

＊因為採用的是醇厚的沙拉醬，
　所以準備上桌時再拌入沙拉
　醬，就可以確保菜葉不變軟，
　麵包丁也能維持酥脆。

＊凱薩沙拉醬拌水煮蛋，當成三
　明治的餡料，或是作為炸物的
　沾醬，也相當美味。

日式的香味蔬菜可依個人
喜好選用。訣竅就是組合
香氣或口感不同的種類。

青花菜和花椰菜的
豆腐拌料沙拉

使用豆腐製成的拌料，利用健康的茅屋起司增添鹽味和分量。搭配烹煮後的青花菜和花椰菜，製作出視覺鮮豔且口感絕佳的一道。

材料（容易製作的分量）
青花菜…1株
花椰菜…1/2株
豆腐拌料※…適量
白芝麻…適量

豆腐拌料
材料／製作方法參考P.124

1　青花菜、花椰菜分別切成小朵。以熱水1.5公升比1大匙鹽巴（分量外）的比例，分別用熱水把青花菜、花椰菜烹煮至清脆程度。

2　把步驟1的青花菜和花椰菜裝盤，鋪上大量的豆腐拌料，再撒上白芝麻。

MEMO

＊豆腐拌料的豆腐要確實把水瀝乾，做出微甜的調味，然後再利用茅屋起司增添鹽味，使拌料呈現鹹甜味道，讓人百吃不膩。

＊這種豆腐拌料也可以當成生蔬菜棒沙拉的沾醬。另外，也可以不使用茅屋起司，改成把融化類型的起司鋪在上面，再用烤箱烘烤，就可以製作出美味的焗烤風味。

大氣
沙拉佐醬、
沙拉拌醬

| 甜醋清湯凍 | 土佐醋凍 | 醬油沙拉醬 | 明太子美乃滋 |

〔材　料〕
甜醋※…200ml
水…200ml
明膠片…7g

〔製作方法〕
把甜醋和水放進鍋裡加熱，
加熱至80℃後，加入明膠片
溶解，放涼之後，放進冰箱
裡冷卻凝固。

MEMO
把2杯甜醋、1杯醋、100g
砂糖、10g鹽巴放進鍋裡加
熱，砂糖和鹽巴溶解後，
關火，放涼（容易製作的分
量）。

▶甜醋漬番茄沙拉P.10

〔材　料〕容易製作的分量
米醋…90ml
A ┤ 高湯…90ml
淡口醬油…30ml
味醂…30ml
柴魚片…1撮
明膠片…2.5g
生薑汁…2小匙

〔製作方法〕
1　把A材料放進鍋裡加熱，
　　煮沸後放進柴魚片，關
　　火，用濾網過濾掉柴魚
　　片。
2　加入用水泡軟的明膠
　　片，溶解後，加入生薑
　　汁，放涼之後，放進冰
　　箱冷藏凝固後，進一步
　　過篩。

▶梭子蟹茼蒿沙拉P.11
▶海藻小魚乾沙拉P.31

〔材　料〕容易製作的分量
沙拉油…30ml
醬油…30ml
醋…20ml

〔製作方法〕
把所有材料充分混合攪拌。

▶鮑魚海膽沙拉P.12

〔材　料〕容易製作的分量
辣味明太子…40g
美乃滋…40g
檸檬汁…50ml

〔製作方法〕
去除辣味明太子的薄皮，和
剩下的材料一起混合攪拌。

▶日本對蝦蓮藕沙拉P.13

洋蔥醬

〔材 料〕容易製作的分量
米醋…200ml
醬油…200ml
洋蔥（切片）…1大顆
洋蔥泥…1大顆
沙拉油…少許

〔製作方法〕
把少許的油放進鍋裡加熱，放進薄切的洋蔥，炒至焦黃色後關火。放涼之後，和剩下的材料一起放進攪拌機攪拌。

▶蒜香雞肉沙拉P.15

芝麻沙拉醬

〔材 料〕容易製作的分量
醬油…15ml
芝麻油…15ml

〔製作方法〕
把材料充分混合攪拌。

▶豬里肌竹籠豆腐沙拉P.17

柚子醋沙拉醬

〔材 料〕容易製作的分量
柚子醋醬油※…20ml
沙拉油…15ml

〔製作方法〕
把材料充分混合攪拌。

MEMO
柚子醋醬油的做法：依照柑橘醋和濃口醬油各5杯、醋和溜醬油各1/2杯、煮酒240ml、煮味醂280ml、昆布30g、柴魚片40g的順序加入材料，夏天在常溫下發酵3天，冬天發酵6天，之後再用布加以過濾即可。放進冰箱冷藏保存（容易製作的分量）。

▶竹筴魚香味蔬菜沙拉P.21

粉紅醬

〔材 料〕容易製作的分量
沙拉油…120ml
穀物醋…80ml
美乃滋…30ml
番茄醬…30ml
洋蔥泥…50ml
胡蘿蔔泥…25ml
蘋果泥…30ml
蒜泥…1瓣
奶油起司…30g
黑胡椒粒…少許

〔製作方法〕
把所有材料混進調理碗，充分混合攪拌。

▶馬自拉乳酪蔬菜沙拉P.24

| 亞麻仁油沙拉醬 | 八方醋凍 | 梅沙拉醬 | 浸漬醬汁 |

〔材　料〕容易製作的分量
亞麻仁油…10ml
穀物醋…10ml
淡口醬油…5ml
味醂…5ml

〔製作方法〕
把所有材料混進調理碗，充
分混合攪拌。

▶健康蔬菜沙拉P.25

〔材　料〕容易製作的分量
高湯…160ml
米醋…20ml
淡口醬油…20ml
味醂…20ml
明膠片…4g

〔製作方法〕
1　明膠片用水泡軟備用。
2　把明膠片以外的材料放
　　進鍋裡加熱，煮沸後關
　　火，放進泡軟的明膠
　　片，溶解後放涼，放進
　　冰箱冷藏。

▶帆立貝蘆筍沙拉P.27

〔材　料〕容易製作的分量
梅乾…1顆
EXV.橄欖油…1大匙
淡口醬油…1大匙
味醂…1大匙
蜂蜜…1/3小匙

〔製作方法〕
梅乾果肉過篩，並把剩下的
材料混合攪拌。

▶海鰻洋蔥沙拉P.29

〔材　料〕容易製作的分量
高湯…1.6l
淡口醬油…160ml
味醂…160ml

〔製作方法〕
把材料混在一起加熱，煮沸
後關火。

▶炸蔬菜浸漬沙拉P.33

黃芥末醬

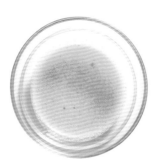

〔材　料〕容易製作的分量
法國第戎芥末醬…1大匙
EXV.橄欖油…2大匙
白葡萄酒醋…1大匙
鹽巴、胡椒…各少許

〔製作方法〕
把所有材料充分混合攪拌。

▶章魚醃泡沙拉P.30

檸檬醬

〔材　料〕容易製作的分量
檸檬汁…180ml
檸檬醬…1小匙
檸檬甜酒…50ml
無鹽奶油…10g
鹽巴…適量
胡椒…適量

〔製作方法〕
1　把檸檬汁、檸檬醬、檸
　　檬甜酒放進鍋裡煮，收
　　乾湯汁直到分量剩下1/4
　　左右。
2　加入奶油，充分混合攪
　　拌，用鹽巴、胡椒調
　　味。

▶鴨胸肉蘋果沙拉P.39

蛋黃醬

〔材　料〕容易製作的分量
蛋黃…1顆
法國第戎芥末醬…15g
葵花籽油…200ml
白葡萄酒醋…15ml
鹽巴…適量
胡椒…適量

〔製作方法〕
1　把芥末醬和白葡萄酒醋
　　放進調理碗，充分混合
　　攪拌。
2　把蛋黃放進步驟1的調理
　　碗充分混合，一邊慢慢
　　加入葵花籽油，一邊混
　　合攪拌，用鹽巴、胡椒
　　調味。

▶根芹菜馬鈴薯沙拉佐蛋黃
　醬P.45

蒜油

〔材　料〕容易製作的分量
橄欖油…適量
蒜頭（碎末）…適量

〔製作方法〕
1　把蒜頭和一半用量的橄
　　欖油放進鍋裡加熱。
2　蒜頭呈現焦黃色後，加
　　入橄欖油，關火直接放
　　涼後，倒進容器裡保存
　　使用。

▶牛肚溫沙拉P.53

義式熱醬料   青花菜醬   水果番茄醬   黃瓜橄欖鯷魚醬

義式熱醬料	青花菜醬	水果番茄醬	黃瓜橄欖鯷魚醬

〔材　料〕6人份
蒜頭…100g
EXV.橄欖油…300ml
鯷魚…60g
牛至（依個人喜好）…少許

〔製作方法〕
1　蒜頭切成對半，放進鍋裡，加入幾乎快淹過食材的牛奶（分量外）加熱。
2　煮沸之後，用濾網過濾掉牛奶。蒜頭不要用水清洗，以免變得水水的。
3　放進鍋裡，加入橄欖油，用小火加熱，為避免焦黑，時而在烹煮過程中把鍋子從灶爐上移開，持續烹煮30分鐘。
4　再次加熱，放進鯷魚，再次沸騰後關火。
5　趁熱放進攪拌機攪拌。
6　倒進容器後，依個人喜好加入牛至。牛至用攪拌機攪拌後，會產生些許苦味，所以最後再加入。

▶義式溫沙拉P.55

〔材　料〕準備量
青花菜…1株
洋蔥…1/2顆
鹽巴…適量

〔製作方法〕
1　洋蔥切片，放進平底鍋翻炒。加入切片的青花菜拌炒，接著加入幾乎快淹過食材的水，持續烹煮至軟爛程度。
2　用攪拌機攪拌，進行過濾。
3　倒進小鍋裡，收乾湯汁後，用鹽巴調味。

▶鮭魚青花菜沙拉P.56

〔材　料〕準備量
水果番茄…5顆
蒜頭…2瓣
奶油…50g
橄欖油…適量
鹽巴…適量

〔製作方法〕
1　水果番茄汆燙後，去除種籽，切成碎末。蒜頭切成碎末。
2　把橄欖油倒進平底鍋，放進蒜頭，產生香氣後，加入步驟1的番茄，接著加入奶油翻炒。
3　放進攪拌機攪拌後，過篩。倒進鍋裡，收乾湯汁後，用鹽巴調味。

▶花枝芹菜水果番茄沙拉P.59

〔材　料〕準備量
小黃瓜…2條
綠橄欖（去除種籽）…20個
捲葉洋香菜…適量
鯷魚醬…適量
EXV.橄欖油…20ml

〔製作方法〕
1　小黃瓜去皮，切成碎末。綠橄欖、捲葉洋香菜的葉子也分別切成碎末。
2　把剩下的材料和步驟1的食材放進調理碗，充分混合攪拌。

▶香魚黃瓜紫蘇沙拉P.63

章魚橄欖醬

〔材 料〕準備量
章魚…一杯
黑橄欖…200g
酸豆…30g
番茄…4顆
蒜頭…30g
鯷魚…36g

〔製作方法〕
1 番茄去除種籽，放進食
物調理機攪拌。其他材
料也分別用食物調理機
攪拌。
2 把油倒進平底鍋，放進
蒜頭炒至產生香氣後，
放進鯷魚粗略拌炒。
3 加入章魚、酸豆、黑橄
欖、步驟1的番茄，烹
煮至番茄的水分收乾為
止。用鹽巴調味。

▶章魚佐西班牙凍湯和章魚
橄欖醬P.65

西班牙凍湯

〔材 料〕準備量
番茄…3顆
洋蔥…80g
芹菜…50g
紅甜椒…1/4顆
小黃瓜…1條
蒜頭…1個
長棍麵包白色的部分…20g
紅葡萄酒醋…75ml
柳橙汁…50ml
EXV.橄欖油…100ml
辣椒…1/2條
鹽巴…適量
TABASCO辣椒醬…適量
黃原膠（增稠劑）…適量

〔製作方法〕
1 把所有材料放進攪拌機
攪拌。
2 過濾。

▶章魚佐西班牙凍湯和章魚
橄欖醬P.65

培根蛋麵醬

〔材 料〕準備量
蛋黃…1顆
鮮奶油（45%）…45ml
牛奶…45ml
帕馬森乾酪…適量
奶油…10g
鹽巴…適量
黑胡椒…適量

〔製作方法〕
1 把材料放進鍋裡加熱，讓
食材充分混合、乳化。
2 用鹽巴和黑胡椒調味。

▶烤蕪菁沙拉佐蕪菁培根蛋
麵醬P.67

蠑螺肝醬

〔材 料〕準備量
蠑螺…1個
沙拉醬…20g

〔製作方法〕
1 蠑螺烹煮後，去除肝臟。
2 把沙拉醬20g、肝臟20g
加以混合。

▶蠑螺沙拉和蠑螺肝拌香草
沙拉P.69

洋香菜油	起司醬	紫蘿蔔泥醬	胡蘿蔔泥

〔材料〕比例
洋香菜葉…1
橄欖油…2

〔製作方法〕
1 用攪拌機攪拌洋香菜和橄欖油。
2 用廚房紙巾過濾。

▶珍珠雞沙拉P.71

〔材料〕準備量
瑪利波乳酪…200g
艾曼達乳酪…200g
古岡左拉起司…200g
鮮奶油（46％）…300ml

〔製作方法〕
1 把起司（乳酪）切成碎末。
2 把鮮奶油放進鍋裡煮沸，融入起司，確實混合攪拌。

▶珍珠雞沙拉P.71

〔材料〕準備量
紫蘿蔔…2條
水…100ml
鹽巴…適量

〔製作方法〕
1 去除紫蘿蔔的外皮和紫蘿蔔芯，用設定成蒸氣模式、100℃的蒸氣烤箱加熱20分鐘。
2 把水和步驟1的紫蘿蔔放進攪拌機攪拌。用鹽巴調味。

▶煙燻鴨胡蘿蔔沙拉佐胡蘿蔔泥醬P.75

〔材料〕準備量
胡蘿蔔…2條
水…100ml
鹽巴…適量

〔製作方法〕
1 去除胡蘿蔔的外皮和胡蘿蔔芯，用設定成蒸氣模式、100℃的蒸氣烤箱加熱20分鐘。
2 把水和步驟1的胡蘿蔔放進攪拌機攪拌。用鹽巴調味。

▶煙燻鴨胡蘿蔔沙拉佐胡蘿蔔泥醬P.75

鴨肉汁 胡蘿蔔泥醬

〔材 料〕準備量
鴨骨…1隻鴨的分量
洋蔥…20g
胡蘿蔔…20g
水…適量
胡蘿蔔泥…20g
奶油…10g

〔製作方法〕
1 用180℃的烤箱把鴨骨加熱至酥脆程度。
2 把步驟1的鴨骨和洋蔥、胡蘿蔔、水放進鍋裡，加入幾乎快淹過食材的水，加熱2小時，熬出鴨骨的精華。
3 混入收乾湯汁的胡蘿蔔泥，加入奶油，製作出醬汁。

▶煙燻鴨胡蘿蔔沙拉佐胡蘿蔔泥醬P.75

老虎菜醬料

〔材 料〕準備量
鹽巴…50g
砂糖…50g
黑胡椒…15g
白胡椒…15g
醋…900g
檸檬汁…45g
山椒油…240g

〔製作方法〕
把材料充分混合攪拌。

▶青辣椒芫荽沙拉P.76

紅油醬

〔材 料〕準備量
蒜頭（泥）…25g
砂糖…200g
熱水…300g
醬油…200g
辣油…50g
芝麻油…25g
雞肉清湯…50g

〔製作方法〕
把材料充分混合攪拌。

▶酪梨鮪魚沙拉P.79

美乃滋醬

〔材 料〕容易製作的分量
美乃滋…250g
蜂蜜…35g
煉乳…60g
檸檬汁…25g
琴酒…5g

〔製作方法〕
把材料充分混合攪拌。

▶鮮蝦季節水果沙拉佐美乃滋醬P.81

| 翡翠醬 | 椒麻醬 | 香味蔬菜醬 | 甜辣醬 |

 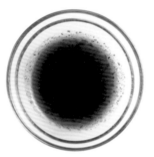 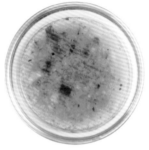 

〔材　料〕準備量
奴蔥…1把
生薑泥…15g
橄欖油…150g
芝麻油…12g
醬油…65g
水…75g
醋…12g
砂糖…20g
鹽巴…2g
魚露…10g
胡椒…2g

〔製作方法〕
1　把水和蔥放進攪拌機攪拌。
2　蔥攪碎之後，加入其他的材料，充分混合攪拌。

▶鰤魚中式生魚片沙拉佐翡翠醬P.83

〔材　料〕準備量
青蔥…50g
生薑泥…30g
醬油…135g
砂糖…35g
醋…65g
芝麻油…5g
山椒粉…3g

〔製作方法〕
1　把青蔥切成碎末。
2　把其他材料和步驟1的青蔥混在一起，充分混合攪拌。

▶皮蛋豆腐沙拉佐山椒醬P.85

〔材　料〕準備量
義式沙拉醬…500g
麵包粉…100g
甜椒…少許
火蔥…少許
辣油…少許

〔製作方法〕
把材料放進攪拌機充分混合攪拌。

▶牛角蛤蘿蔔甜菜根沙拉P.87

〔材　料〕準備量
甜辣醬…100g
檸檬汁…30g
白砂糖…10g
蒜頭酥…5g
芫荽…5g

〔製作方法〕
1　把芫荽切成碎末。
2　把其他材料和步驟1的芫荽混在一起，充分混合攪拌。

▶鮮蝦酪梨生春捲P.89

| 海鮮醬油 | 豆漿芝麻醬 | 羅勒醬 | 醃泡檸檬沙拉醬 |

〔材　料〕準備量
醬油…600g
魚露…90g
水…1800g
白砂糖…50g
芝麻油…5g

〔製作方法〕
把材料充分混合攪拌。

▶阿古豬五花溫蔬菜蒸籠佐
海鮮醬油P.93

〔材　料〕準備量
豆漿…800g
芝麻醬…500g
醬油…400g
芝麻油…60g
辣油…60g
醋…180g
砂糖…240g
檸檬汁…40g
西洋黃芥末…25g
生薑泥…20g

〔製作方法〕
1　把豆漿以外的材料放進
　　攪拌機攪拌。
2　混合好之後，慢慢加入
　　豆漿，一邊混合攪拌。

▶涮牛肉和夏季蔬菜沙拉冷
麵佐豆漿芝麻醬P.95

〔材　料〕容易製作的分量
羅勒葉…50g
EXV.橄欖油…100ml

〔製作方法〕
把所有材料放進攪拌機攪
拌。

▶整顆番茄的卡布里沙拉
P.99

〔材　料〕容易製作的分量
檸檬汁…30ml
EXV.橄欖油…20ml
醬油…1小匙
細砂糖…1大匙
白葡萄酒醋…20ml
鹽巴、黑胡椒…少許

〔製作方法〕
把所有材料混在一起，用打
泡器充分混合。

▶西洋菜＆葡萄柚沙拉
P.101

蜂蜜芥末醬

〔材　料〕容易製作的分量
西洋黃芥末…3大匙
蜂蜜…2大匙
醬油…1小匙
EXV.橄欖油…30ml
鹽巴、黑胡椒…各少許

〔製作方法〕
把材料混在一起，充分混合
至乳化為止。

▶櫻桃和香味蔬菜的大麥總
　匯沙拉P.105

香味甜醋沙拉醬

〔材　料〕容易製作的分量
醬油…2大匙
醋…3大匙
三溫糖…5大匙
紅辣椒…2條

〔製作方法〕
把所有材料放進平底鍋加
熱，只要砂糖溶解，就可以
了。

▶根莖蔬菜的香味沙拉P.109

凱薩沙拉醬

〔材　料〕容易製作的分量
帕馬森乾酪 粉狀…40g
西洋黃芥末…10g
辣醬油…少許
鯷魚醬…10g
辣椒粉…少許
蒜泥…2瓣
檸檬汁…1大匙
EXV.橄欖油…120g

〔製作方法〕
把所有材料混在一起，充分
攪拌至呈現濃稠狀。

▶和風凱薩沙拉P.111

豆腐拌料

〔材　料〕容易製作的分量
木綿豆腐…1塊
茅屋起司
　…瀝乾水分豆腐的一半分量
┌白醬油（濃縮類型）※
│　…3大匙
A 三溫糖…5大匙
│白芝麻醬…3大匙
└醬油…1小匙

〔製作方法〕
確實瀝乾豆腐的水分，和A
的材料混合在一起，加入茅
屋起司，充分混合整體。
※白醬油的濃度會因產品而
　有所不同，所以請視情況
　需要斟酌用量。

▶青花菜和花椰菜的豆腐拌
　料沙拉P.113

創意
沙拉料理

※料理的價格是2016年8月時的價格。

01 日式醃漬蔬菜
SALAD

| 480日圓（未稅） |

使用牛蒡、山藥、蓮藕、秋葵和蘘荷等約10種季
節性根莖類蔬菜和日式蔬菜，色彩相當鮮豔的
醃菜。積極採用世田谷產的當地新鮮蔬菜，充滿
「當地風情」的一盤。使用葡萄酒醋和月桂葉等
調味方式，以西洋風格的醃漬手法提供輕醃的蔬
菜，可品嚐到蔬菜清爽口感的一道料理。

東京・三軒茶屋『居酒屋 星組』 製作方法 P.173

讓人想來杯紅酒的
義式風味料理

義式諸味小黃瓜

| 400日圓（未稅）|

把簡單的「諸味小黃瓜」，製成義式風味的創意料理。使用義式材料中的鰻魚醬來代替味噌，透過鹽味來享受小黃瓜。單獨使用鰻魚的話，感覺會太過死鹹，所以要用小火稍微烹煮，加入誘出甜味的洋蔥來調整味道。小黃瓜還刻意切削出條紋，相當用心的一道。

千葉・市原
『炭烤隱家　Dining Ibushigin』 製作方法 P.173

關鍵是
鎖住洋蔥風味的沙拉醬

水果番茄和
馬自拉乳酪的沙拉
佐自製洋蔥沙拉醬

| 780日圓（未稅）|

奢華使用沒有半點腥味、口感溫和的馬自拉乳酪，以及甜度超過8度的水果番茄。搭配紅萵苣和特雷威索紅菊苣一起豪邁擺盤。沙拉醬是用小火慢煮洋蔥，收乾湯汁，甜中帶酸的自製沙拉醬。最後再撒上切成碎末的生洋蔥，形成口感的重點。

大阪・梅田『達屋　阪急梅田店』 製作方法 P.173

有機胡蘿蔔沙拉　| **648日圓**（含稅）|

這道料理剛開始推出時乏人問津，但是，只要吃過一次就會回味無窮，回頭點餐率也就慢慢增加，漸漸成了店裡最受歡迎的料理之一。在醬油提味的醃泡液裡浸泡一個晚上的緞帶狀胡蘿蔔，會變得軟嫩、甘甜。只要運用胡蘿蔔的鮮豔色澤，進一步搭配上番茄，就成了一道色彩鮮艷的視覺饗宴。

埼玉・所澤『居酒屋　TOMBO』　製作方法 P.173

順口滑溜大受好評的
緞帶狀胡蘿蔔

用西式醬料
帶來味覺衝擊的金平

05 SALAD 蓮藕山葵金平

| 500日圓（含稅）

立體裝盤惹人矚目的蓮藕金平。用淡口醬油、砂糖、白醬油烹煮的蓮藕，用羅勒和山葵泥混合的橄欖油醬拌勻，加上西式的創意變化。搭配玉米筍和微型番茄等季節蔬菜也能為擺盤加分，讓視覺上的感官更加豐富、有趣。

神戶・三宮
『Vegetable Dining　畑舍』 製作方法 P.174

06 SALAD 牛蒡棒

| 590日圓（含稅）

酥脆的口感和齒頰留香的香氣，令人玩味的蔬菜棒。略粗的牛蒡在帶皮狀態下切成細長的棒狀，讓高湯、醋、砂糖、醬油的熬煮湯汁滲入內部。之後，一邊裹上芝麻，放在鐵板上煎煮的時候，要使用較多的油，烹調出油炸般的濃郁香氣。直接運用牛蒡的皮，充分享受鄉野美味的一道。

福岡・天神『鐵板燒　PLANCHA』 製作方法 P.174

可感受牛蒡美味的
手抓點心

個性裝盤的女性沙拉

07 SALAD 『raku』-dutch-oven-
～燜烤蔬菜的熱沙拉～

高麗菜培根佐義式醬	600日圓（未稅）
香蒜養生菇	650日圓（未稅）
焗烤香草番茄	650日圓（未稅）

把各種料理使用的小型鑄鐵荷蘭鍋，拿來盛裝沙拉的個性化料理。持續加熱的特色廣受好評。照片中位於最前方的「香蒜養生菇」，是用蒜油和義式醬料烹調各種菇類，誘出菇類的鮮美。左側的「高麗菜培根佐義式醬」，是用義式醬料品嚐高麗菜和培根所調和出的美味。右側的「焗烤香草番茄」則是直接烘烤冰涼狀態下也很美味的番茄和羅勒，烹製出全新的魅力。

東京・新宿『關西酒場　Rakudaba』

製作方法 P.174

08 SALAD 炸年糕沙拉
～黃豆沙拉醬～

| 780日圓（含稅） |

從黃豆粉年糕取得靈感的創意沙拉。擺上青花菜、萵苣、西瓜蘿蔔等口感截然不同的蔬菜，以及切成一口大小的炸年糕。把白醬油或黑醋等材料混進黃豆粉的自製黃豆粉沙拉醬，有著淡淡的甜和酸味。以使用黃豆粉的健康沙拉而深受女性喜愛。

神戶 ‧ 三宮
『Vegetable Dining　畑舍』　製作方法 P.174

09 SALAD 真實金牛角

| 780日圓（未稅） |

充分運用橄欖油和乳酪的香氣，直火燒烤蔬菜，以熱銷零嘴為靈感來源所構思出的獨特菜名，和實際與零嘴搭配的輕妙口感，表現出料理的原創性。與菜名同樣符合期待的品質，讓席間笑聲不斷，以「好吃！」與「好玩！」而大受好評的一道料理。

東京 ‧ 三軒茶屋
『居酒屋　星組』　製作方法 P.175

靈感來自黃豆粉年糕
深受女性喜愛的沙拉

既美味又有趣的
串燒玉米筍

活用青菜清脆口感和香氣的沙拉

10
SALAD
芫荽和裂葉芝麻菜的沙拉

|1000日圓（未稅）|

由芫荽和裂葉芝麻菜（芝麻菜）組合而成的沙拉。兩種蔬菜的獨特風味相當搭調，可享受到豐富的口感和香氣。為了誘出各自的青綠口感，索性不使用鹽巴、胡椒等調味料，使用特製的沙拉醬。自製法式沙拉醬搭配檸檬和魚露，讓蔬菜的風味更加鮮明，同時給予適度的酸味和濃郁。

東京・中目黑『Tatsumi』　製作方法 P.175

用三種醬料品嚐每日更換的蔬菜

11
SALAD
有機蔬菜拼盤

|1200日圓（未稅）|

主要使用向長野縣的簽約農家採購的有機蔬菜，有九成以上的餐廳顧客都會點這道料理。當天採購的15～20種蔬菜，搭配義式醬料、梅味噌、生薑沾醬三種醬料。蔬菜每天更換，甚至還有水晶菜、紅鳳菜等一般並不常見的蔬菜，新鮮美味的呈現，博得眾人的喜愛。

東京・池袋『新和食 到 Itaru』
製作方法 P.175

12 SALAD 京漬物 清脆沙拉

|850日圓（含稅）|

滿滿的分量令人驚喜，使用京都食材的熱門餐點。京都名產的漬物搭配水菜、白蘿蔔絲，最後再鋪滿乾炸馬鈴薯絲。一次享受到咬勁十足的漬物、清脆的蔬菜和酥脆的馬鈴薯絲，各種不同的口感。美乃滋基底和醬油基底的兩種沙拉醬也是美味的關鍵。

京都・河原町三条『京風創作料理　濱町』
製作方法 P.175

13 SALAD 蒸蔬菜 輕沙拉

|480日圓（未稅）|

有著鮮豔視覺的蔬菜組合，是相當受歡迎的料理。蔬菜有蘆筍、桃蕪菁、蕪菁、青花筍、鈴南瓜、KINRI胡蘿蔔、小番茄，不光是季節感和外觀的協調性，就連味道的差異也下了一番功夫。簡單的蒸煮調理方式，徹底引誘出蔬菜最原始的甜味。稀有品種的蔬菜外觀也十分賞心悅目，同時也可以成為客人和服務人員進一步交流的橋樑。

大阪・福島『福島金魚』 製作方法 P.176

以京都漬物的新奇口感
為特色的沙拉

簡單烹調
誘出蔬菜的原始美味

可快速上桌的
濃郁醃菜

14 SALAD 今彩風Meli Melo沙拉
當日食材 ｜1800日圓（含稅）｜

從根莖類到菜葉類、辛香類、嫩芽類蔬菜，由30種以上的嫩綠蔬菜組成的沙拉。原以為應該整盤都是蔬菜，沒想到蔬菜裡面夾雜著彈牙的水煮北海章魚、製成冷盤的花腹鯖和六線魚等魚貝類，為味覺畫龍點睛，讓人驚喜連連。讓食材裹滿不會讓人感到油膩、口感過酸的自家製法式沙拉醬，最後再撒上帕馬森乾酪、烘烤過的松子，增添風味。

東京・神樂坂
『French Japanese Cuisine 今彩　Konsai』

 製作方法 P.176

15 SALAD 摩洛哥風格的
胡瓜和蘿蔔 ｜350日圓（含稅）｜

運用香辛料的芳香、苦味和芝麻風味，製作出東南亞風味的醃菜。只要預先醃漬入味，就可以快速上桌。醬料裡的蒜頭、孜然、薑黃，經過加熱後，就能更添風味。採用的蔬菜會依採購狀況而改變，有時也會使用蕪菁或胡蘿蔔。

東京・笹塚
『Wine 食堂　久（Qyu）』 製作方法 P.176

簡單使用豐富配菜
搭配獨特沙拉醬

16 SALAD **30種品項的SALAD**

| 820日圓（未稅）|

料理本身雖然簡單，卻充滿「令饕客驚喜連連」
的魅力。以「30種品項」為賣點，總是使用28〜
31種蔬菜。鹿尾菜或蘿蔔乾等一般不使用於沙拉
的食材也包含其中。有三種可選的沙拉醬也相
當獨特，「焦香」洋蔥醬、「大量起司」凱薩
沙拉醬，剩下的另一種種類則是被稱為「『謎
之……』沙拉醬」，必須當天才能得知內容。

東京・吉祥寺『「餐飲屋祥寺」的店下 DEN's café』

製作方法 P.176

頂層鋪上乾炸的蔬菜
增添美味口感！

17 SALAD **炸牛蒡和豆腐的酥脆沙拉**
佐芝麻沙拉醬

| 626日圓（含稅）|

單靠生蔬菜和豆腐無法滿足咀嚼口感，所以把
切成細絲的乾炸牛蒡和馬鈴薯鋪在最頂層，增
添沙拉的酥脆口感。由於沙拉的口味相當濃郁
且分量十足，所以特別受到年輕人的喜愛。蔬
菜預先用芝麻沙拉醬拌勻，就算是多人分食，
同樣能享受到相同美味。

東京・池袋『魚・地雞・豆腐　傳兵衛　池袋店』

製作方法 P.177

大量的三種起司！
以起司為主角的沙拉

18 SALAD

起司店的凱薩沙拉

|1200日圓（含稅）|

使用的蔬菜只有高原萵苣。混入店家自製的生起司和特製的硬質起司，再拌入烤得酥脆的乳清豬火腿、溫泉蛋和麵包丁。上菜後磨碎供應的自製「山起司」，相當豪邁，幾乎掩蓋住蔬菜。味道濃郁的沙拉醬使用蛋黃、義大利香醋、橄欖油、醃菜和酸豆製成。

東京・南青山『Atelier de Fromage　南青山店』
製作方法 P.177

19 SALAD

山藥凱薩沙拉

|980日圓（含稅）|

以充滿蒜頭和辣椒風味的蒜味辣椒油為基底，加上日式醬汁和鮮奶油、馬自拉乳酪等調味料後加熱，最後再加上山藥製成的滑嫩沙拉醬。山藥的黏稠感不僅能緊密和蔬菜糾結在一起，還能展現出鬆軟綿密的口感，所以餘味會比沙拉醬來得少，就能更進一步凸顯蔬菜的美味。

東京・中目黑『樂喜DINER』　製作方法 P.177

以嶄新醬料創造全新沙拉

因個性配料而備受矚目的沙拉

20 SALAD

弘前蔬菜和釜揚鯷仔魚的凱薩沙拉
| 800日圓（含稅）

採用在該時期採購的弘前產新鮮蔬菜，再鋪滿大量的釜揚鯷仔魚。透過鰻魚風味的沙拉醬、帕馬森乾酪和黑胡椒等，製作成凱薩沙拉風味。鯷仔魚的鹹味具有相當棒的提味作用。隨附上確實油炸、口感酥脆的南部仙貝，用來取代麵包丁。

東京・新橋『現代青森料理與紅酒店　Bois Vert』
製作方法 P.178

21 SALAD 權太郎沙拉
佐凱薩沙拉醬
| 530日圓（含稅）

凱薩沙拉和墨西哥薄餅所組成的沙拉，最獨特的是墨西哥薄餅並不是撒在沙拉上面，而是拿來當成器皿。用油把墨西哥薄餅炸成盤狀，直接當成用來盛裝沙拉的器皿。只要咬碎墨西哥薄餅，和沙拉一起品嚐，就能增加酥脆口感。另外，沾到沙拉醬而變軟的部位，也能品嚐到不同口感，別有一番風味。

大阪・梅田『Yancha權太郎　初天神店』
製作方法 P.178

連器皿都可以吃的沙拉
新穎的口感！

鰻魚和白菜的
強烈對比！
超奢華的一盤

22 SALAD 香蒜風味 鰻魚白菜沙拉 | 1600日圓（含稅）|

使用過去沙拉很少使用的白菜，再進一步搭配蒲燒鰻的獨特沙拉。鰻魚的稠滑口感和白菜的清脆口感形成強烈對比，醞釀出出乎意料的新鮮感。非常適合下酒。用沙拉醬調和濃醇的蒲燒鰻和清淡的白菜，使用味道強烈的蒜頭酥，提升整體的味覺層次。細長的盛裝器皿也能帶來奢華感受。

東京・四谷『四谷　YAMAZAKI』　製作方法 P.178

23 SALAD 棒棒蔬菜佐鯷魚沾醬

| 680日圓（未稅）|

把蔬菜棒逐一插進有孔洞的特製器皿裡，相當獨特的擺盤方式。以肉類料理居多的店家，為了讓顧客清除嘴裡的油膩感而開發出的餐間小菜。用鯷魚和蒜頭製作的黏稠沾醬，靈感來自於義大利料理的義式熱醬料。關鍵在於蒜頭的事前處理。如果直接使用會有澀味殘留，所以為了在保留風味的同時去除澀味，要烹煮三次後再搗碎使用。夏季時，也會使用甜椒等蔬菜類。

東京・八丁堀
『ROBATA 美酒食堂　爐與MATAGI』　製作方法 P.178

24 SALAD

蝦球酪梨沙拉 附紅魚子

| 530日圓（含稅）|

顛覆以深受女性歡迎的「蝦球」為主的料理名稱，視覺外觀令人印象深刻，同時也相當健康的一道。比起色彩單調的「蝦球」，蔬菜和食用花卉才是最關鍵的主角，演繹出華麗和健康。甚至還附上炸成帽子狀的米紙等，挑逗饕客的玩心。壓碎米紙品嚐，能增添酥脆口感。淋上番茄蒜頭風味的沙拉醬品嚐。

大阪・福島
『遊食酒家 Le Monde　福島店』　製作方法 P.179

擺盤十分獨特
享受黏沾醬的新鮮蔬菜棒

華麗沙拉
燃起玩心的

鮪魚洋蔥膠原沙拉

|880日圓（未稅）|

由膠原和大量蔬菜組成，受女性顧客喜愛的沙拉。膠原切成細條絲狀，就能更容易拌入蔬菜，再用鮪魚和自製芝麻沙拉醬增添鮮味和濃郁。膠原的熱量相當低，所以也很適合減肥中的顧客。Q彈的口感和十足的分量，滿足饕客的味蕾。

東京・下北澤『Totoshigure　下北澤店』
製作方法 P.179

26
SALAD
AJITO辣油泡菜

|680日圓（含稅）|

所謂的「辣油泡菜」就是用泡菜和辣油入菜，源自大阪的當地料理。店家用米紙把碳烤豬肉、泡菜魷魚、自製辣油、青紫蘇、芝麻葉等配料捲起來，製成沙拉風味的韓式烤肉。清脆的口感和辛辣的調味相當契合。

大阪・難波『DINING AJITO』　製作方法 P.179

充滿健康感的沙拉
透過膠原進一步提升形象！

把大阪熱門的「辣油泡菜」
製成沙拉料理

27 SALAD 蟹肉酪梨塔塔沙拉

| 880日圓（含稅） |

和魚貝類相當對味的酪梨，和蟹肉組合成奢華的沙拉。採用西式料理的特色，藉由鮮豔的擺盤，博得女性的青睞。可同時享受到蟹肉、酪梨、柴漬、紫蘇子等多種食材的不同口感，清爽味道的塔塔沙拉可搭配蘇打餅或蔬菜，以沾醬的形式品嚐。

東京・石神井公園『三☆居酒屋　喰醉TAKESI』 製作方法 P.179

使用螃蟹的
奢華料理

義式和東南亞風味
融合而成的沙拉

28 SALAD 辣味青花菜和櫻花蝦附芫荽

| 880日圓（含稅）|

烹煮過的青花菜放進橄欖油、蒜頭、鯷魚、迷迭香等材料裡溫油慢煮，加入櫻花蝦乾、芫荽等，製作出融合了義式和東南亞風味的味道。青花菜會確實裹滿蝦子的強烈鮮味和蒜頭的香氣，讓簡單的味道更具層次。

東京・笹塚
『Wine 食堂　久（Qyu）』

製作方法 P.179

29 SALAD 香煎沙丁魚的尼斯風沙拉

| 530日圓（含稅）|

在大量的蔬菜沙拉裡放上幾乎整尾的沙丁魚，充滿豪氣的沙拉。鹽烤沙丁魚可以把魚肉搗碎，混進蔬菜裡一起品嚐，也可以當成主菜享用，再搭配沙拉自由品嚐。拌蔬菜的自製沙拉醬裡面加了柑橘皮，柑橘的清爽風味也具有抑制青魚腥味的效果。

東京・笹塚
『Wine 食堂　久（Qyu）』

製作方法 P.180

清爽演出柑橘香氣的沙拉醬

30 SALAD 軟絲蔬菜沙拉 佐奇異果沙拉醬

| 1100日圓（含稅） |

軟絲搭配10種以上的新鮮蔬菜，淋上以奇異果為基底的水果風味沙拉醬，最後再妝點上鹽漬鮭魚子的海鮮沙拉。軟絲先炙燒表面，增添香氣，再用橄欖油醃泡，使肉質更加軟嫩。萵苣和甜椒等食材直接採用生食，青花菜和四季豆等食材則用水煮，再拌入自製沙拉醬備用。

東京‧神泉『海與田　POTSURAPOTSURA』　製作方法 P.180

新鮮海鮮沙拉 添加水果風味的

取代沙拉醬的
雪酪超新鮮

鮮魚冷盤和梅干雪酪的冰涼沙拉　|880日圓（含稅）|

6～10月期間的熱門餐點。把鮮魚（照片中是鰤魚）擺在沙拉上面，然後再鋪上用梅干製成的雪酪來取代沙拉醬。梅干雪酪裡面含有昆布和砂糖，所以清爽中略帶甜味和濃郁。雪酪是放進容器凝固的冰，每次客人點餐的時候才會用湯匙撈出使用。

東京・三宮『雪月風花』　製作方法 P.180

喜歡芫荽的人無法抗拒的
夏季甜辣沙拉

生章魚和芫荽的香草炸彈！泰式沙拉　|880日圓（未稅）|

「芫荽的香草炸彈！」正如其名，以成堆芫荽引起討論話題的沙拉。獨特香氣的芫荽和帶有辣味和酸味的沙拉醬充滿令人上癮的美味。沙拉醬有著蝦子的濃郁和酢橘汁的清爽口感。雖然當初是以夏季的甜辣料理而開發，不過，全年都相當受歡迎。

東京・自由之丘
『自由之丘直出酒窖事業部』
『地下酒窖事業部』
製作方法 P.180

凸顯食材口感的
特製馬肉味噌

 33
SALAD

有機蔬菜和馬鬃肉
佐自製馬肉味噌

|**820**日圓（未稅）|

氽燙以奶油般油脂為特徵的馬鬃肉，和有著鮮艷色彩的生鮮蔬菜
一起裝盤的華麗料理。依季節的不同，有時也會使用在自家農園
採收的有機蔬菜，冬季則主要使用鎌倉的簽約農家直送的蔬菜。
這道料理的重點就在於用味噌或豆瓣醬等調味料燉煮馬絞肉，充
滿濃郁口感的馬肉味噌，簡直就是搭什麼都美味的萬能調味。

神奈川・川崎『馬肉料理和蒸蔬菜　型無夢莊』 製作方法 P.181

34 SALAD 二重脂和葡萄柚的生馬肉沙拉

|780日圓（未稅）|

彈牙的同時在舌尖溶化的「二重脂」，是位於馬肋骨部分，相當於三層肉般的珍貴部位。這是道奢侈使用有著美麗粉紅色的二重脂，再搭上葡萄柚和帕馬森乾酪，色彩極為鮮豔的生馬肉沙拉。使用鹽巴、橄欖油、鮮榨柚子果汁製成的沙拉醬，口味清淡，使食材的口感更加鮮明。

神奈川・川崎『馬肉料理和蒸蔬菜　型無夢莊』

製作方法 P.181

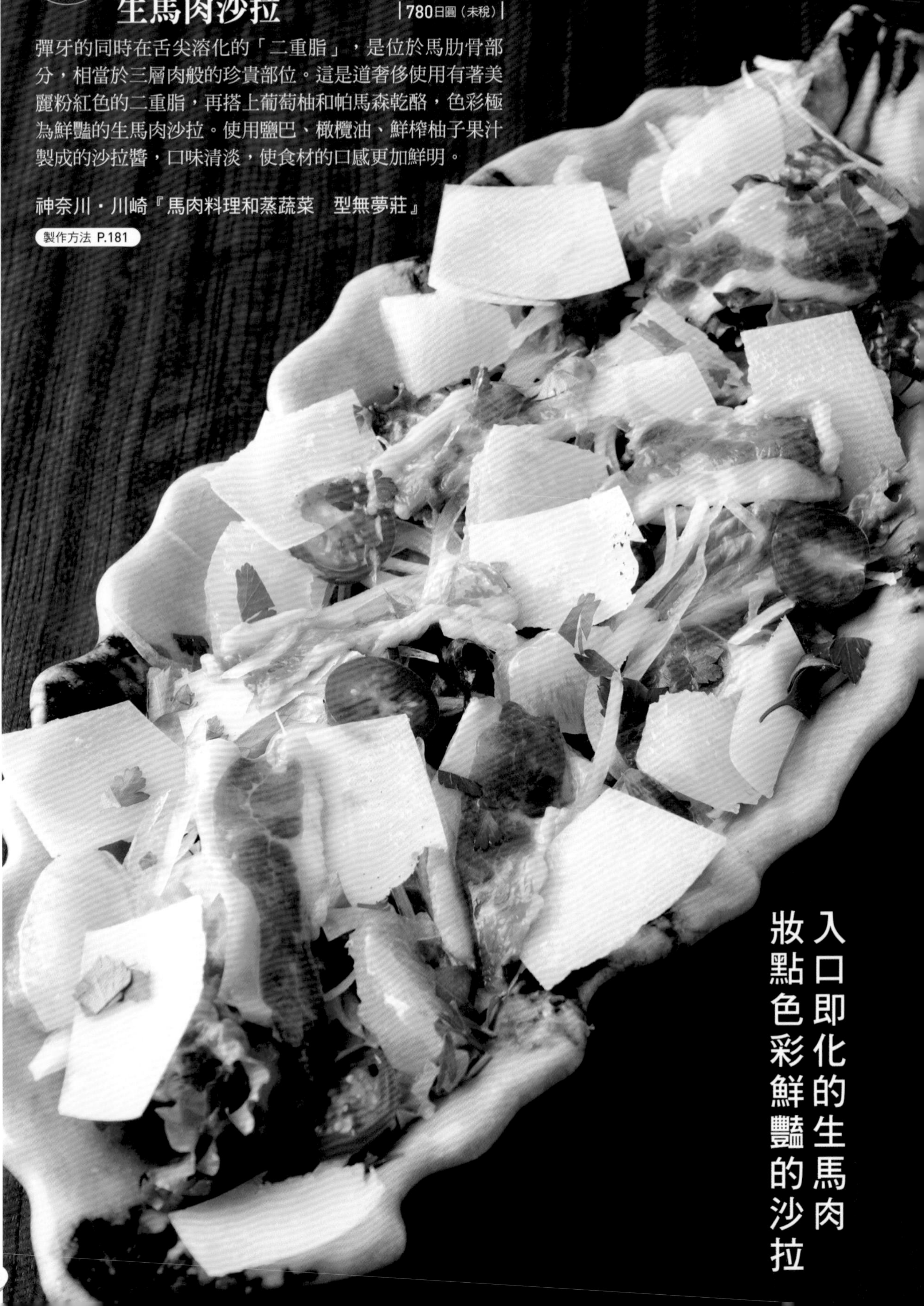

入口即化的生馬肉
妝點色彩鮮豔的沙拉

三種燻製和
嬌嫩蔬菜超對味

製作方法 P.181

35 SALAD　kamon自製 煙燻沙拉 |900日圓（未稅）|

豐富的煙燻料理中，最受歡迎的料理。鴨肉和干貝用胡桃和橡樹的木屑燻製，起司則用櫻桃木屑燻製。不光要依照食材改變使用的木屑，還要調整燻製時間，烹製出最完美的味道。搭配三種燻製食材的是嬌嫩的蔬菜。尤其是香甜且具清爽感的水果番茄，和燻製的食材更是搭調。

京都・河原町『kamon』　製作方法 P.181

36 SALAD　雞肝和培根、香菇的溫製沙拉 |780日圓（含稅）|

向專賣內臟類食材的肉販採購新鮮雞肝，製作成「溫製沙拉」。連女性客人都十分喜愛的一道料理。雞肝不僅用事前處理徹底去除腥味，同時還與蔬菜、培根、鴻禧菇一起搭配食用，藉此讓客人吃得更順口。調味則使用法式沙拉醬和紅酒醋。清爽的味覺口感，和綠葉蔬菜相當搭調。

東京・新橋『MOTSU BISUTORO　麥房家』　製作方法 P.181

蔬菜、香菇、培根
讓雞肝更美味！

入口驚奇連連！
令人印象深刻的涮涮豬肉沙拉

37 SALAD　淡雪豬肉沙拉

|980日圓（含稅）|

以為是在水菜沙拉上面放了豆腐，放入口中後，竟是滿滿驚奇！上面的白色部分是用來取代沙拉醬的麵露風味的蛋白霜，口味相當獨特的沙拉。由於市面上有許多使用涮涮鍋豬肉的沙拉，所以就開發了這一道沙拉，藉此做出差別性。不使用「慕斯」，大膽採用「淡雪」這樣的日式名稱，就是為了挑起顧客的好奇心。視覺上的感受相當強烈，口感也相當獨特，是該店的招牌。

大阪・福島『遊食酒家　Le Monde　福島店』　製作方法 P.182

38 SALAD 蒸櫻島雞 酥脆Choregi沙拉

| 800日圓（未稅）|

該店的主要菜色是雞肉和蔬菜，所以就把沙拉做成鳥巢般的感覺，讓顧客帶著玩心品嚐美味。上面鋪滿酥炸的蕎麥麵，將紅萵苣、水菜和特雷威索紅菊苣等撕碎的蔬菜完整覆蓋在底下，中央則擺上鹿兒島縣產櫻島雞的蒸雞肉。品嚐的時候，連同乾炸的蕎麥麵一起入口，就能確實感受酥脆口感和香氣。

東京・新橋
『雞菜　三宮店』　　製作方法 P.182

39 SALAD 山藥 生火腿卷

| 1480日圓（含稅）|

用生火腿把生的山藥和磨成泥的山藥、小黃瓜捲在一起，並利用橄欖油和香草鹽製作成義大利的口味。可同時享受生山藥的清脆口感和泥狀山藥的黏糊口感。最後裝飾上的山藥脆片，也是產生清脆口感的重點。生火腿奢侈地使用帕爾馬產的生火腿，營造出味覺的層次。

東京・中目黑『樂喜DINER』　　製作方法 P.182

**玩心滿溢的擺盤和
有趣的酥脆口感**

**山藥化身義大利風！
變成時尚的冷盤**

DEN's特製
完熟蜜桃番茄
| 500日圓（未稅）

「閉上眼睛品嚐，以為是桃子」希望讓人產生這種錯覺，營造出玩心樂趣的前菜。讓番茄變得更加香甜，以這樣的概念所創造出的料理。因為希望讓那種香甜更具質感而使用了增添桃子香氣的水蜜桃香甜酒。為了讓用水蜜桃香甜酒和細砂糖製作的糖漿確實滲透，採取將番茄汆燙去皮後，再用蒸籠蒸煮的烹調方式。

東京・吉祥寺『「餐飲屋祥寺」的店下 DEN's café』

製作方法 P.182

明明是番茄卻有著桃子味！？
視覺和味道的差異別具魅力

南法風番茄冷盤
| 800日圓（未稅）

大家所熟悉的居酒屋「番茄冷盤」應該都是撒鹽的番茄片，不過，這家餐廳則運用法國的烹調技術，把番茄冷盤變得更加時尚。把蒜頭和火蔥碎末、醬油、義大利香醋、橄欖油淋在番茄片上面。這是主廚根據他在南法進修時，在膳食中品嚐到的料理所開發出來的料理，撒上由蒔蘿、香艾菊等數種香草混合而成的精碾香草（Fines Herbes），提高個性與魅力。

東京・神樂坂
『季節料理神樂坂 KEN』

製作方法 P.182

搭配五種香草
時尚的「番茄冷盤」

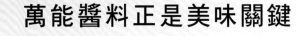
萬能醬料正是美味關鍵

42 SALAD 番茄酪梨沙拉佐黑橄欖醬

|480日圓（未稅）|

以紅酒小菜或前菜形式快速上菜的沙拉。番茄和酪梨各使用一半，切成容易食用的大小。黑橄欖和鯷魚、酸豆混合攪拌而成的醬料，帶著顆粒口感和鹽味。和蔬菜的速配程度當然不用說，肉類或魚類的應用也相當搭調。

神戶・三宮『沖繩鐵板BAR　Meat Chopper』 製作方法 P.183

43 SALAD 糖漬聖女小番茄

| 480日圓（未稅） |

把比小番茄更甜的聖女小番茄的優點發揮至最大限度的一道料理。番茄汆燙去皮後，使用酒精揮發後的白酒浸泡。白酒的最大特色就是豐富的風味和溫和口感，和圓潤的番茄相當搭。因為餘味清爽，所以除了前菜之外，也有許多客人點來作為小菜。

大阪・福島『福島金魚』 製作方法 P.183

白酒誘出
聖女小番茄的甜度

44 SALAD 水果番茄的味噌漬

| 840日圓（未稅） |

使用高知產甜度極高的水果番茄。很多客人都會點這道料理來作為沙拉或冷盤。整顆番茄經過了半天的味噌醃漬後，使原本的甜味更加鮮明。味噌由鹽分較多的仙台味噌和帶甜味的白味噌絕妙組合製成。另外還放了炸麵衣增加口感。切成一口大小後，即可裝盤上桌。

東京・神泉
『海與田 POTSURAPOTSURA』
製作方法 P.183

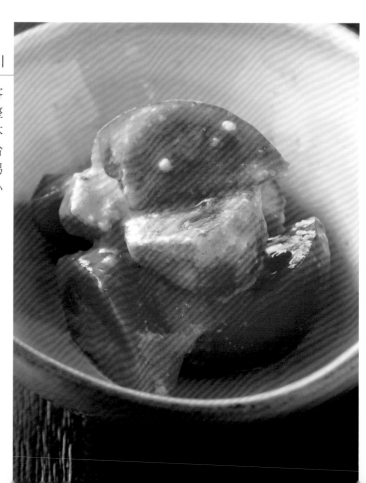

兩種味噌醃漬，
讓美味更加分！

把發酵食品組成
極具個性的逸品

45
SALAD

桃醋漬黑蒜頭
和番茄

│**735**日圓（含稅）│

以獨創的手法熟成半年，味道強烈的岡山產黑蒜頭、燻製的味噌漬豆腐、鹽麴漬的三五八漬等，將這些用心加工的發酵食品組合起來，製作出極具個性化的料理。帶有爽口酸味和甜味的自製桃醋，搭配香甜的小番茄（品種：AIKO），就連時尚的擺盤方式也深受女性喜愛。

東京・阿佐谷
『野菜食堂　HAYASHIYA』

製作方法 P.183

桃
和
番
茄
的
全
新
組
合
！

使用上等番茄
整顆浸漬高湯！

 46
SALAD

薄荷蜜桃醃番茄

| 540日圓（含稅）|

以夏季料理為主題，廣受好評的招牌餐點。把番茄放進加熱過的蜜桃香甜酒和水蜜桃果汁裡面浸漬冰鎮，讓水蜜桃的香氣滲入番茄裡面。另一方面，浸漬的湯汁裡面則會增添番茄的酸味，讓水果的美味達到相乘效果。連同薄荷一起品嘗，爽快更加倍增。

埼玉・所澤『居酒屋　TOMBO』
製作方法 P.183

47
SALAD

浸漬桃太郎番茄
～附奶油起司～

| 500日圓（含稅）|

以美味湯汁引以為傲的招牌餐點。作為主角的番茄使用酸味和甜味相當均衡的「桃太郎番茄」。調理的時候不進行加熱，把氽燙去皮的番茄放進高湯裡浸泡一晚，在不破壞外觀的情況下上桌。連同湯汁一起盛盤，把番茄浸泡在湯汁裡。最後再擺上奶油起司，增添奶香風味。

神戶・三宮『Vegetable Dining　畑舍』
製作方法 P.184

大量的洋蔥！享受各種口感

48 SALAD 番茄沙拉 | 300日圓（未稅）|

完全凸顯出店長「偏愛洋蔥」的喜好，簡單卻餘味猶存的一道料理。把紫洋蔥和洋蔥的碎末鋪在厚切的番茄片上，最後再鋪滿大量的洋蔥酥。進一步用「蔥芝麻沙拉醬」調味，使洋蔥的風味更加鮮明。享受各種酥脆、俐落的口感。

東京・明大前
『魚酎　UON-CHU』　製作方法 P.184

驚奇甜味 宛如水果般的

49 SALAD 冰鎮「桃」番茄 | 480日圓（未稅）|

明明是冰鎮的番茄，味道卻像「桃子」。第一次品嚐的人絕對會大吃一驚，話題性極高的餐點。希望像水果番茄那樣，以輕食型態品嚐香甜番茄而開發出的料理。桃子的風味來自於糖漿裡面揮發掉酒精的水蜜桃香甜酒。正因為甜而不膩，所以可以當成沙拉，也可以當成甜點。

千葉・市原『炭烤隱家　Dining Ibushigin』
製作方法 P.184

鹽漬鮭魚子的分量和色澤

50 SALAD 鹽漬鮭魚子馬鈴薯沙拉 | 580日圓（含稅）|

聳立堆疊的馬鈴薯沙拉上頭佈滿鹽漬鮭魚子，色澤鮮豔且令人印象深刻的一道。鹽漬鮭魚子去掉鹽味，在醬油、酒、味醂的自製醬汁裡醃漬半天以上。馬鈴薯沙拉的調味特色就是添加了西洋黃芥末。僅加入少量用來提味，讓餘韻更顯清爽，不會有半點美乃滋的黏膩感。

東京・八丁堀

『內臟鍋　割亨　雞肉鹽味拉麵竹井幸彥　八丁堀茅場町店』

辛辣和口感挑起食慾
留下味蕾記憶的一道

肉味噌馬鈴薯沙拉

| 680日圓（含稅）|

透過各種創意變化，在菜單中多次登場的馬鈴薯沙拉。店長為了在鬆軟的馬鈴薯中增加口感，所開發出的「肉味噌馬鈴薯沙拉」，在絞肉中混入甜辣味噌，再搭配薄切的小黃瓜，讓新奇的味道令人更加印象深刻。除了搭配自製辣油外，也建議搭配烤海苔一起享用。

東京・自由之丘『HIRAKUYA』　製作方法 P.184

煙燻蛋馬鈴薯沙拉

| 500日圓（含稅）|

馬鈴薯沙拉使用男爵和印加兩種不同品種的馬鈴薯。前者磨成略粗的顆粒狀，後者則切成骰子狀，藉此營造出不同的味道和口感。馬鈴薯沙拉上面的煙燻半熟蛋可依個人喜好，直接品嚐，或是搗碎和馬鈴薯沙拉一起混著吃，享受改變味道的「一道料理、兩種口感」的美味樂趣。

大阪・福島『parlor184』　製作方法 P.185

完美結合兩種馬鈴薯的

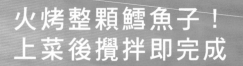

火烤整顆鱈魚子！
上菜後攪拌即完成

53
SALAD 烤鱈魚子馬鈴薯沙拉 | 580日圓（未稅）

視覺衝擊超強大的知名馬鈴薯沙拉。基於「把塔沙摩沙拉做得更具居酒屋風格」的想法所開發出的一道料理。客人點餐後，在烤台上把鱈魚子烤得焦黃，直接放在馬鈴薯沙拉上，再端到客人面前。一邊向客人說明「搗碎後混著吃比較美味」，一邊在客人面前把鱈魚子搗碎、攪拌。用火烤到略微焦黃的鱈魚子，有著評價極高的酥脆口感。

東京・明大前『魚酎　UON-CHU』　製作方法 P.185

54 SALAD R-18指定 秋季成人的馬鈴薯沙拉 | 609日圓（含稅）|

改變「馬鈴薯」的食材，把「季節性」帶入招牌料理的獨特巧思。馬鈴薯採用印加馬鈴薯，同時也加入番薯。其他季節則使用男爵或黃金男爵等，唯有當季才有的馬鈴薯品種。加入切碎的煙燻蘿蔔，並且基於「小孩子不喜歡」的理由，而在料理名稱中加入「R-18指定」和「成人」的字眼。

製作方法 P.185

東京・池袋
『Power Spot 居酒屋　魚串　炙緣』

55 SALAD 帕馬森乾酪和煙燻蘿蔔的馬鈴薯沙拉 | 680日圓（含稅）|

以秋田縣醃蘿蔔而聞名的「煙燻蘿蔔」，是用米麴和鹽巴浸漬煙燻蘿蔔的醃蘿蔔。該店把秋田鄉土料理中經常拿來入菜的煙燻蘿蔔加進馬鈴薯沙拉裡面，並利用帕馬森乾酪增添濃郁。以馬鈴薯2kg搭1條煙燻蘿蔔的比例調理。

東京・澀谷『Dining Restaurant ENGAWA』

製作方法 P.185

依季節改變
成人風格的馬鈴薯沙拉

採用味道、香氣、口感一致的秋田名產

56 SALAD 餐前小菜 │380日圓（含稅）│

裝滿12種以上的當季蔬菜和水果的義式溫沙
拉，是這家餐廳優先上桌的「餐前小菜」。
決定店家形象的重要料理，相當經濟實惠。
把盆栽當成器皿，採用立體且可愛的擺盤方
式。以奶油起司為基底的自製起司沾醬也相
當受歡迎。為確保新鮮度，蔬菜會在點餐後
才處理。（照片中是2人份）

東京・外神田『蔬菜・紅酒　Orenchi』

製作方法 P.186

優先上桌的
餐廳「表情」

乳狀感滿載！
店裡的招牌料理

57
SALAD

當季料理的
義式溫沙拉

|1580日圓（含稅）|

把義式熱醬料製成女性喜愛的乳狀。果然如店家所預期，幾乎每位顧客都會來上一盤的人氣料理。除了義式熱醬料之外，還有隨附南瓜醬、岩鹽＋橄欖油。另外，為了讓蔬菜更美味，各種食材的烹調時間也特別調整過。

名古屋‧西區『Fine Dining TASTE-6』　製作方法 P.186

以各種風味
品嚐蒸籠裡的溫蔬菜

58
SALAD

蒸籠義式
溫沙拉

|1100日圓（含稅）|

用蒸籠提供蒸煮好的蔬菜，在視覺上帶來強烈衝擊的義式溫沙拉。醬料的調味也相當別具特色，加上鮮奶油增添濃郁口感，同時再利用西京味噌醞釀出獨特風格。上菜時還會附上粉紅岩鹽、抹茶鹽，供顧客依個人喜好挑選調味。蔬菜以當季蔬菜為主，色彩的搭配也是考量之一。

東京・惠比壽
『ark-PRIVATE LOUNGE／CAFÉ & DINING』

製作方法 P.186

享用大量的蔬菜
濃郁醬料是關鍵

 59 **SALAD** **下町義式溫沙拉**　　|920日圓（含稅）|

透過立體式的擺盤方式，讓義式溫沙拉變得更具魅力。選用
當季蔬菜為主的食材當然不在話下，同時也考量到色彩方面
的搭配，因而選擇了6、7種食材。因為鰻魚醬會讓味道變得
溫和，所以加了豆漿提味。就算沾太多醬料，也不會有黏膩
感受，所以可以盡情享受各種不同的蔬菜口感。

東京・門前仲町『炭烤&紅酒　情熱屋』　　製作方法 P.186

八丁味噌的使用
是美味關鍵

用帶有甜味的醬料
享受山形縣產蔬菜

60 SALAD
有機蔬菜義式溫沙拉佐八丁味噌

| 920日圓（未稅）

在義式熱醬料中使用八丁味噌的獨特巧思，惹人注目。使用的味噌是該店特別調製的味噌，由紅味噌湯的八丁味噌和白味噌混合而成。這種醬料所調配而成的義式熱醬料，搭配當季蔬菜和豐富的有機蔬菜。有機蔬菜的姬胡蘿蔔和姬白蘿蔔清洗後，直接保留外皮。小黃瓜也會依季節使用有機種類。基於味噌的搭調性，而選用日式蔬菜。照片中還使用了襄荷和紅白薑芽。

東京・虎之門『la tarna di universo Comon』
製作方法 P.186

61 SALAD
山形義式溫沙拉佐Amapicho醬

| 1100日圓（含稅）

新鮮的當季蔬菜，搭配以山形特產的味噌「Amapicho」為基底，加上鮮奶油和奶油後所製成的沾醬，享受不同風味的義式溫沙拉。蔬菜大約有10種左右，其中一定會有船形磨菇、綠蘿蔔、紅蘿蔔等幾種山形產的蔬菜，同時，蔬菜會鋪在冰上，以避免破壞口感。

東京・丸之內『Yamagata BAR Daedoko』
製作方法 P.187

62 SALAD 鮮豔蔬菜的義式溫沙拉
～佐味噌醬～

680日圓（未稅）

為了讓顧客享受當季的蔬菜美味而開發，集結了15～20種當季國產蔬菜的豪華義式溫沙拉。蔬菜的華麗擺盤也是魅力之一。醬汁也稍微做了變化，加上味噌和花生醬，開發出略帶甜味的日式醬料，讓人百吃不膩。不論男女都相當喜愛，平均有一半的顧客都會來上一盤。（照片是2人份）

東京・中野『肉食類小酒館&紅酒酒場　Tsui-teru！』

製作方法 P.187

一半的顧客都會點的
豪華義式溫沙拉

63 SALAD 鮮豔根莖蔬菜的山藥優格 佐和風卡布里沙拉 | 780日圓（含稅）|

把山藥和日式高湯、優格組合而成的全新醬料，和根莖類
蔬菜一起搭配，並用春卷皮製成的器皿裝盤。視覺與味覺
都獨樹一格的前菜料理。可一次享受到醬料的黏稠與滑嫩
感、根莖蔬菜的清脆感、春卷皮的酥脆口感。有著滑嫩、
綿密獨特口感的醬料，和菜葉蔬菜相當地搭，可以變化出
各種不同的蔬菜料理。

東京・中目黑『樂喜DINER』　　　　　製作方法 P.187

64 SALAD 醬菜青豆豆腐的卡布里沙拉 |580日圓（含稅）|

用富含大豆風味的青豆所製作的豆腐，和番茄片層疊裝盤，製成卡布里沙拉。把小黃瓜、茄子、秋葵、蘘荷當成配料，切碎混合製成山形的鄉土料理「醬菜」，把醬菜鋪在最上方，再利用羅勒醬和柚子醋這樣的意外組合進行調味，營造出獨創性。羅勒、橄欖油也能增添義式氛圍。

東京・丸之內『Yamagata BAR Daedoko』
製作方法 P.187

65 SALAD 都筑產蕪和番茄的卡布里沙拉 |480日圓（未稅）|

積極使用當地產的蔬菜，提升當地意識和熟悉程度的料理。使用當地產的蕪菁，把白色部分當成馬自拉乳酪，和番茄組合而成的健康沙拉。跳脫使用的蔬菜框架，以「卡布里沙拉」命名的料理名稱十分獨特。甚至，橫濱市的日本油菜出貨量居全日本之冠。市內的主要產地位於當地的都筑區，所以醬料也使用日本油菜來取代羅勒醬的羅勒，提高料理的個性。

神奈川・都筑『創作台任具BAR　善』 製作方法 P.187

在山形的「醬菜」裡加上獨特性極高的配料

時尚的料理名稱
當地蔬菜製成的前菜

新鮮的沾麵感覺！
纏繞在麵條上的「沾醬」也備受矚目

 66
SALAD

沾麵沙拉

|590日圓（含稅）|

用沙拉感覺品嚐中華麵的一道料理，這樣的品嚐方式創意十足。通常中華麵都是和蔬菜搭配，然後在上方淋上醬料上桌，但是這家餐廳則是採用沾麵方式，把食材和沾醬分開盛裝。可以選擇沾著吃，也可以直接淋上品嚐，依顧客喜好選擇不同吃法的部分正是這道料理的重點。芝麻沙拉醬加上山藥泥的沾醬，讓沾醬更容易纏繞在麵條上。

大阪・梅田『Yancha權太郎　初天神店』　製作方法 P.188

67
SALAD

大量蔬菜的
冷麵沙拉
～來自盛岡的熱情～

|800日圓（未稅）|

大膽將作為主食的冷麵以沙拉類型提供。為傳統的沙拉配菜加上更豐富的變化。在盛裝萵苣、小黃瓜、水煮蛋、雞肉等食材的同時，控制麵條的分量。加上蔬菜和充滿咬勁的配菜，可以和朋友分食享用，也可以當成點心。湯汁以日式高湯為基底，同時也加上檸檬、蔥、鴨兒芹等食材，讓口感更佳清爽、順口。

愛知・刈谷
『創作和洋DINING　OHANA』
製作方法 P.188

在「品嚐蔬菜的冷麵」中
裝滿沙拉配菜作為重點

68
SALAD

森林香菇納豆沙拉

|850日圓（含稅）|

使用香菇和納豆的低熱量沙拉。有牛蒡，也可以攝取到食物纖維，幾乎每位女性顧客都會來上一盤。因為是熱銷的料理，所以總是預先備妥香菇類的食材。只要有這一盤就能享受到軟嫩的香菇、彈牙口感的炸牛蒡和麵包丁、黏稠的納豆等多種不同的口感。

福岡・白金
製作方法 P.188
『博多Food Park納豆加黏LAND』

低熱量且
食物纖維大量的
健康沙拉

馬自拉和烏魚子、溏心蛋的醃泡沙拉佐海苔慕斯

| 800日圓（未稅）|

可當成紅酒小菜或前菜的沙拉。刻意把馬自拉乳酪、番茄、青紫蘇等食材組合成卡布里沙拉，加上有著黏稠蛋黃的溏心蛋，和取代鰻魚的烏魚子，展現出料理的個性化。在顧客面前淋上的海苔慕斯充滿海苔的香氣和美味，口感絕佳，使所有食材更加融合。

東京・池袋『新和食　到　itaru』 製作方法 P.188

70
SALAD

白菜鹽昆布沙拉

| 350日圓（含稅）|

白菜大多都在冬季使用於火鍋，所以很少當成生食品嚐，這裡則是用白菜來搭配甜味強烈的紫白菜，然後再用鹽昆布調味，製作成沙拉。主要使用帶有甜味的菜芯部分，鹽昆布確實搓揉入味，力道要斟酌控制，保留清脆口感的同時，也要避免過硬。最後淋上清爽風味的太白芝麻油，均勻調和，避免鹽味直接在嘴裡擴散。

東京・東高圓寺『四季料理　天★（TENSEI）』
製作方法 P.189

海苔風味的慕斯
令人印象深刻

白菜的咬感和
鹽昆布的鹽味
當作小菜也ＯＫ

把涼粉製成沙拉！
全新感覺的「醋物沙拉」

71 SALAD 裙帶菜心太沙拉

|680日圓（未稅）|

「想吃更清爽的沙拉」，為了呼應這種心聲所開發出的醋物沙拉。當初開發時正值夏季，所以便把焦點放在涼粉上頭，商品名稱也採用「心太（涼粉）」這個漢字，藉此誘起顧客的興趣。把萵苣、裙帶菜、涼粉、蘘荷堆疊成山，再用番茄和秋葵增添色彩。在涼麵沾醬裡混入檸檬汁，淋上帶有柑橘酸味的沾醬。

東京・板橋區　製作方法 P.189
『中仙酒場　串屋SABUROKU』

72 SALAD 豆腐和石蓴海苔的清爽沙拉佐納豆梅醬

|980日圓（含稅）|

10種蔬菜加上豆腐、石蓴海苔、日式豆皮，混入納豆沙拉醬，適合以健康為訴求的顧客。沙拉醬是以「梅納豆」為靈感來源，利用梅干增添酸味。回頭點菜率和凱薩沙拉不分軒輊，不分男女都同樣喜愛。

東京・自由之丘『HIRAKUYA』　製作方法 P.189

大量蔬菜和豆類製品
以健康為訴求

醃鯖魚生春捲

| 1800日圓（未稅）|

醃鯖魚＋辛辣芝麻醬
品嚐下酒的生春捲

生春捲現在已逐漸成為居酒屋的固定菜色，而這道料理則是專為日式＆日本酒所開發。醃鯖魚為了凸顯鯖魚的美味，用醋稍微輕醃，保留半熟的口感。以鯖魚為核心，捲入細切且口感極佳的胡蘿蔔、白蘿蔔等蔬菜，享受口感之間的對比。辛辣的自製沾醬利用芝麻誘出鯖魚的濃郁和油香，並且用苦椒醬消除鯖魚的腥味，即便是不愛吃青魚的人，也能夠輕鬆品嚐。

東京・神樂坂
『季節料理　神樂坂　KEN』

製作方法 P.189

用「蔥鮪」入菜的下酒料理

蔥鮪生豆皮春捲

| 850日圓（含稅）|

深受中高年齡層和女性喜愛，利用生豆皮製成的創意料理。用生豆皮把蔥鮪和蔬菜捲成春捲狀的下酒菜。考量到蔬菜的色彩變化，而採用甜椒、小黃瓜、白髮蔥和紅萵苣。因為用生豆皮捲入食材時，就已經淋上搭配濃醇蔥鮪的美乃滋甜辣醬了，所以不需要任何額外的沾醬。不會弄髒手，可以直接抓著吃的便利性，也是大受歡迎的原因之一。

東京・三鷹
『獨創Dining MACCA』

製作方法 P.189

創意沙拉料理　製作方法解說

蔬菜沙拉、凱薩沙拉　p126～／海鮮沙拉　p138～

肉類沙拉　p145～／番茄沙拉　p150～／馬鈴薯沙拉　p156～

義式溫沙拉、卡布里沙拉　p160～／其他沙拉　p168～

蔬菜沙拉、凱薩沙拉

01 SALAD　日式醃漬蔬菜

| P.126 |

東京・三軒茶屋『居酒屋　星組』

材料

當季蔬菜（菜豆、牛蒡、蓮藕、山藥、秋葵、胡蘿蔔、蘘荷等）、醃泡液（水、葡萄酒醋、鹽巴、砂糖、黑或白胡椒、月桂葉、蒔蘿、蒜頭、鷹爪辣椒）

製作方法

①菜豆、秋葵等根莖類蔬菜用熱水稍微汆燙。

②把材料混在一起煮沸，製成醃泡用的醃泡液。

③把蔬菜放進醃泡液裡浸泡，待味道滲透後，隔天取出食用。

02 SALAD　義式諸味小黃瓜

| P.127 |

千葉・市原『炭烤隱家　Dining Ibushigin』

材料

小黃瓜、洋蔥、蒜頭、鯷魚魚片、橄欖油

製作方法

①把橄欖油、洋蔥碎末和蒜頭放進鍋裡，用小火加熱，慢慢翻炒。

②翻炒1小時後，加入鯷魚魚片和鯷魚的油，拌炒20分鐘後起鍋。

③小黃瓜切出條紋裝飾，裝盤，把冷卻的步驟②的食材放在其他器皿裡，一起上桌。

03 SALAD　水果番茄和馬自拉乳酪的沙拉
佐自製洋蔥沙拉醬

| P.127 |

大阪・梅田『達屋　阪急梅田店』

材料

水果番茄、馬自拉乳酪、紅萵苣、特雷威索紅菊苣、幼嫩葉蔬菜、洋蔥（飾頂配料用）、洋蔥沙拉醬（蒜頭、洋蔥、砂糖、醬油、米醋、昆布）

製作方法

①製作洋蔥沙拉醬。把切碎的蒜頭和切成丁塊狀（5mm）的洋蔥確實炒過後，放入砂糖、醬油、米醋烹煮。加入昆布，放置一晚後，就完成了。

②紅萵苣撕成容易食用的大小，擺盤，根據整體的配色，擺上切成適當大小的水果番茄和生馬自拉乳酪。擺上特雷威索紅菊苣、幼嫩葉蔬菜、切碎的洋蔥，最後撒上步驟①的洋蔥沙拉醬。

04 SALAD　有機胡蘿蔔沙拉

| P.128 |

埼玉・所澤『居酒屋　TOMBO』

材料

胡蘿蔔、番茄、醃泡液（洋蔥、黑橄欖、甜椒、蒜頭、沙拉油、醋、醬油）、茴香芹

製作方法

①把洋蔥、黑橄欖、甜椒、蒜頭、沙拉油、醋、醬油混合在一起，放進攪拌機攪拌。

②用刨刀把胡蘿蔔削成緞帶狀。

③把步驟②的胡蘿蔔放進步驟①的醃泡液浸泡一晚。

④把步驟③的胡蘿蔔裝盤，附上切片的番茄，擺上茴香芹裝飾。

05 SALAD　蓮藕山葵金平

| P.129 |

神戶・三宮『Vegetable Dining　畑舍』

材料

蓮藕、A（白醬油、淡口醬油、砂糖、味醂）、山葵醬（橄欖油、山葵、山葵葉、羅勒）、玉米筍、微型番茄、苜蓿芽

製作方法

①把切成片狀的蓮藕、材料A放進鍋裡，烹煮30分鐘左右。

②把橄欖油、磨成泥的山葵、切碎的山葵葉和羅勒混合在一起，製作成山葵醬。放進步驟①拌勻。

③把步驟②的蓮藕堆疊擺盤，裝飾上切成一口大小的玉米筍、微型番茄和苜蓿芽。

06 SALAD　牛蒡棒

| P.129 |

福岡・天神『鐵板燒　PLANCHA』

材料

牛蒡、湯汁（高湯、醋、砂糖、醬油）、芝麻

製作方法

①把牛蒡上的髒污確實清洗乾淨，泡水去除腥味，在帶皮的狀態下切成棒狀。

②把湯汁的材料放進鍋裡煮沸，放進步驟①的牛蒡確實烹煮入味。

③把牛蒡的湯汁瀝乾，在鐵板上面倒上較多的油，把牛蒡煎出宛如酥炸般的感覺，最後抹上芝麻，裝盤。

07 SALAD　『raku』-dutch-oven-
～燜烤蔬菜的熱沙拉～

| P.130 |

東京・新宿『關西酒場　Rakudaba』

〈高麗菜培根佐義式醬〉

材料

橄欖油、洋蔥、辣椒、鹽巴、胡椒、蒜頭酥、鰻魚醬、白醬油、高麗菜、培根、白酒

製作方法

①製作義式醬料。橄欖油放進鍋裡加熱，放入切片的辣椒翻炒，產生辣味後，放進切成碎末的洋蔥，持續翻炒至洋蔥變色為止。用鹽巴、胡椒調味後，放進橄欖油和蒜頭酥，關火後，加入鰻魚醬和白醬油拌勻。

②把橄欖油倒進小型的鑄鐵荷蘭鍋，依序重疊放入高麗菜、切成細條的培根、高麗菜、培根。

③在步驟②的食材上面淋上義式醬料，接著淋上白酒，蓋上鍋蓋，繼續用荷蘭鍋燜烤。

〈香蒜養生菇〉

材料

鴻禧菇、杏鮑菇、香菇、金針菇、蒜油（把蒜頭酥放進橄欖油醃漬）、「高麗菜培根佐義式醬」料理中製作的義式醬料、鹽巴、蒜末

製作方法

①鴻禧菇切成對半，杏鮑菇切片。香菇切除蒂頭，切成4分之一。金針菇切成5cm長備用。

②把蒜油倒進小型的鑄鐵荷蘭鍋，放進步驟①的菇類，稍微拌炒後，加入義式醬料，稍微撒點鹽巴後，撒上蒜末，用烤箱烘烤。

〈焗烤香草番茄〉

材料

蒜油、小番茄、鹽巴、羅勒、蒜末

製作方法

①把蒜油倒進小型的鑄鐵荷蘭鍋，放入去掉蒂頭的小番茄，撒上鹽巴。

②在步驟①的小番茄上面擺上撕碎的羅勒和蒜末，用烤箱烘烤。

08 SALAD　炸年糕沙拉
～黃豆沙拉醬～

| P.131 |

神戶・三宮『Vegetable Dining　畑舍』

材料

年糕、青花菜、萵苣、西瓜蘿蔔、蘑菇、柴魚片、米香、黃豆粉沙拉醬（白醬油、砂糖、淡口醬油、黃豆粉、橄欖油、黑醋）

製作方法

①年糕切成一口大小，油炸備用。

②青花菜烹煮後切成一口大小。萵苣撕成適當大小。西瓜蘿蔔切成銀杏切。蘑菇煎過之後切成4等分。

③把步驟①和②的食材裝盤，撒上柴魚片和米香。

④把材料混合在一起，製作出黃豆粉沙拉醬，裝進小碟，連同步驟③的料理一起上桌。

09 SALAD 真實金牛角

| P.131 |

東京・三軒茶屋『居酒屋　星組』

材料

玉米筍（生）、EXV橄欖油、零嘴（金牛角）、鹽巴、胡椒、帕瑪森乳酪、乾巴西里

製作方法

①用竹籤製作玉米筍串，抹上EXV橄欖油，直接放到烤台上烤，直到表面呈現略帶焦黃。

②盤底鋪上市售的零嘴，把烤好的玉米筍擺在最上層。最後再撒上鹽巴、胡椒、帕瑪森乳酪和乾巴西里。

10 SALAD 芫荽和裂葉芝麻菜的沙拉

| P.132 |

東京・中目黑『Tatsumi』

材料

芫荽、裂葉芝麻菜（芝麻菜）、魚露、法式沙拉醬、檸檬汁、核桃

製作方法

①把芫荽和裂葉芝麻菜裝盤。

②淋上由魚露、法式沙拉醬、檸檬汁混合而成的沙拉醬，撒上炒過的核桃。

11 SALAD 有機蔬菜拼盤

| P.132 |

東京・池袋『新和食　到　Itaru』

材料

當季蔬菜（小蕪菁、山葵菜、沙拉茄子、紅鳳菜、五寸胡蘿蔔、大野芋、紅甜椒、黃甜椒、水晶菜、秋葵、小黃瓜、白黃瓜、西瓜蘿蔔、青江菜、白玉米、番茄、迷你胡蘿蔔等）、義式醬料（牛奶、蒜頭、EXV橄欖油、鯷魚）、梅味噌（梅肉、香鬆、信州味噌、醬油、味醂、EXV橄欖油）、生薑醬（洋蔥、生薑、蒜頭、醬油、酒、味醂、砂糖、白芝麻）

製作方法

①把當季蔬菜切成容易食用的棒狀。

②製作義式醬料。用牛奶把蒜頭煮至軟爛，連同鯷魚一起製成膏狀，再和橄欖油混合即可。

③製作梅味噌。把搗碎的梅肉和香鬆、味噌、醬油、味醂混在一起，混入橄欖油提味。

④製作生薑醬。把煎過的洋蔥、生薑、蒜頭、醬油、酒、味醂、砂糖放進攪拌機攪拌，製作成膏狀。接著倒進鍋裡，烹煮收乾直到分量剩下1成左右，冷卻後加入白芝麻。

⑤把步驟①蔬菜裝盤，連同步驟②、③、④的醬料一起上桌。步驟②的義式醬料要放進專用的器皿，在餐桌上加熱。

12 SALAD 京漬物清脆沙拉

| P.133 |

京都・河原町三条『京風創作料理　濱町』

材料

柴漬、野澤菜漬醃蘿蔔、水菜、馬鈴薯、美乃滋沙拉醬、醬油沙拉醬、海苔絲

製作方法

①柴漬、野澤菜漬醃蘿蔔分別切成細絲。水菜切成段狀，白蘿蔔切成細絲。馬鈴薯切片後切成細條，泡水備用。

②步驟①的馬鈴薯乾炸後，把油瀝乾。把步驟①剩下的材料放進調理碗，淋上以醬油為基底的沙拉醬，粗略混合。

③把所有食材裝盤，擺上步驟②的乾炸馬鈴薯絲，撒上海苔絲。淋上以美乃滋為基底的沙拉醬。

13 SALAD 蒸蔬菜輕沙拉

| P.133 |

大阪・福島『福島金魚』

材料

蘆筍、桃蕪菁、蕪菁、青花筍、鈴南瓜、KINRI胡蘿蔔、小番茄、橄欖油、鹽巴、胡椒

製作方法

①把蘆筍、桃蕪菁、蕪菁、青花筍、鈴南瓜、KINRI胡蘿蔔、小番茄切成容易食用的大小，並用蒸籠蒸煮7分鐘左右。

②把步驟①的食材裝盤，淋上橄欖油，撒上鹽巴、胡椒。

14 SALAD 今彩風Meli Melo沙拉
當日食材

| P.134 |

東京・神樂坂

『French Japanese Cuisine 今彩 Konsai』

材料

綜合根莖類蔬菜（西瓜蘿蔔、青蘿蔔、菊薯、蕪菁、黑甘藍、金時胡蘿蔔、黑蘿蔔、磨菇、甜菜根、天蕪菁、Ladies蘿蔔、紫蘿蔔）、北海章魚、日本魷一夜干、花腹鯖、醃泡液（鹽巴、砂糖、黑胡椒）、EXV橄欖油、六線魚、菜葉類蔬菜（蕎麥芽、蒲公英菜、裂葉芝麻菜、紅紫蘇、青紫蘇、水晶菜、露露羅莎萵苣、芝麻菜、芥菜、紅橡木萵苣、番茄葉芽、黑甘藍、西洋黃芥末、山葵菜、烏塌菜、紅羽衣甘藍、紫羅蘭女王、甜菜根葉）、秋葵、石蓮花葉、蘋果、洋梨、黃胡蘿蔔、紅時雨蘿蔔、法式沙拉醬（洋蔥、火蔥、蒜頭、醋漬香艾菊、檸檬汁、葵花籽油、花生油、EXV橄欖油、法國第戎芥末醬、紅葡萄酒醋、白葡萄酒醋、白酒、法國苦艾酒Noilly Prat、鹽巴、胡椒、雪莉醋）、火蔥、鹽昆布、帕馬森乾酪、古斯米、松子

製作方法

①綜合根莖類蔬菜分別切碎，混入法式沙拉醬、切碎的鹽昆布和火蔥，放進冰箱冷藏備用。

②北海道章魚腳煮熟後，削切成片。花腹鯖用鹽巴、砂糖、黑胡椒醃泡6小時左右，用水清洗乾淨後，把水分擦乾，用橄欖油浸漬後，削切成片。六線魚和花腹鯖也採用相同方式處理。

③把步驟①的綜合根莖類蔬菜放進器皿內，重疊上步驟②的食材和日本魷一夜干，上面再重疊上菜

葉類蔬菜、秋葵、石蓮花葉、蘋果、洋梨、黃胡蘿蔔、紅時雨蘿蔔，淋上法式沙拉醬，撒上帕馬森乾酪、蒸過的古斯米、烘烤搗碎的松子。

15 SALAD 摩洛哥風格的胡瓜和蘿蔔

| P.134 |

東京・笹塚『Wine 食堂 久（Qyu）』

材料

小黃瓜、白蘿蔔、鹽巴、蒜頭、沙拉油、孜然、卡宴辣椒粉、薑黃、芝麻

製作方法

①小黃瓜切成厚度低於1cm的片狀，白蘿蔔切成厚度低於1cm的銀杏切，混在一起搓鹽。

②把蒜頭、沙拉油放進平底鍋加熱，加入孜然、卡宴辣椒粉、薑黃，趁醬料還沒有變焦黑之前，混入芝麻，關火。

③待步驟②的醬料冷卻後，放進步驟①的食材，混合後裝盤。

16 SALAD 30種品項的SALAD

| P.135 |

東京・吉祥寺

『「餐飲屋祥寺」的店下 DEN's café』

材料

萵苣、幼嫩葉蔬菜（芝麻菜、西洋菜等約6種）、紅菜椒、黃菜椒、番茄、洋蔥、小黃瓜、綜合豆類（使用罐頭。鷹嘴豆等3種）、玉米（罐裝）、青花菜、玉米筍、裙帶菜、鹿尾菜、白蘿蔔乾、醬油、味醂、砂糖、自製「焦香」洋蔥醬、自製「大量起司」沙拉醬、自製「謎之……」沙拉醬

製作方法

①沙拉的基本蔬菜是萵苣、幼嫩葉蔬菜、縱切成細條的紅菜椒和黃菜椒、切塊的番茄和洋蔥、縱切成片的小黃瓜、綜合豆類、玉米。青花菜和玉米筍煮熟。裙帶菜泡軟。其他則使用當季的蔬菜。春季使用蘆筍、夏季使用苦瓜或谷中生薑，秋季則採用南瓜或番薯等。

②鹿尾菜和蘿蔔乾分別泡水，再用不同的鍋子，加入醬油、味醂、砂糖，烹煮成淡味。

③用較大的器皿盛裝步驟①和②的食材。

④把顧客選擇的沙拉醬裝在器皿裡，一起上桌。

〈自製「焦香」洋蔥醬〉

材料

沙拉油、洋蔥、蒜頭、黑胡椒、砂糖、醬油、醋、豬油、義大利香醋

製作方法

①沙拉油放進鍋裡加熱，放進切片的洋蔥和蒜頭仔細翻炒。持續翻炒至變黑，避免產生苦味。

②把步驟①的鍋子從瓦斯爐上移開，加入砂糖、胡椒、醬油、醋、少量的豬油。最後加入義大利香醋提味。

〈自製「大量起司」凱薩沙拉醬〉

材料

沙拉油、培根、蒜頭、洋蔥、全蛋、Separate沙拉醬（市售品）、美乃滋、黑胡椒、帕馬森乾酪

製作方法

①沙拉油放進鍋裡加熱，放進切成碎末的培根、切片的蒜頭、切碎的洋蔥，確實拌炒後，關火。

②把步驟①的食材倒進調理碗，加入切碎的水煮蛋、市售的Separate沙拉醬、美乃滋、黑胡椒、帕馬森乾酪。

17 SALAD 炸牛蒡和豆腐的酥脆沙拉

| P.135 |

佐芝麻沙拉醬

東京・池袋

『魚・地雞・豆腐　傳兵衛　池袋店』

材料

牛蒡、馬鈴薯、炸油、紅萵苣、幼嫩葉蔬菜、豆腐、小番茄、芝麻沙拉醬、美乃滋、茴香芹

製作方法

①牛蒡和馬鈴薯切成細絲，用180℃的炸油乾炸2次。

②紅萵苣撕成容易食用的大小，和幼嫩葉蔬菜混合，切成一口大小的豆腐，連同切成梳形切的番茄一起用芝麻沙拉醬拌勻。

③把步驟②的食材裝盤，然後覆蓋上步驟①的食材，最後淋上美乃滋，擺上茴香芹裝飾。

18 SALAD 起司店的凱薩沙拉

| P.136 |

東京・南青山『Atelier de Fromage　南青山店』

材料

自製「特製硬質起司」、自製「生起司」、自製「山起司」、高原萵苣、乳清豬火腿、溫泉蛋、麵包丁、沙拉醬（橄欖油、義大利香醋、蛋黃、李派林伍斯特醬、醃菜、酸豆、鹽巴、胡椒）

製作方法

①乳清豬火腿用平底鍋煎至酥脆狀態，備用。

②把沙拉醬的材料混在一起，製作出沙拉醬。

③高原萵苣撕成容易食用的大小。

④把高原萵苣、溫泉蛋和煎得酥脆的乳清豬火腿混在一起，淋上沙拉醬粗略的攪拌，撒上麵包丁。

⑤把削片的特製硬質起司和生起司鋪在最上方。

⑥上菜之後，用削起司器把自製「山起司」製成起司粉，撒在最上方。

19 SALAD 山藥凱薩沙拉

| P.136 |

東京・中目黑『樂喜DINER』

材料

蘿蔓萵苣、紅萵苣、特雷威索紅菊苣、番茄、小番茄、格拉娜・帕達諾起司、黑胡椒、麵包丁、檸檬、醬料（山藥、蒜味辣椒油〔用橄欖油拌炒蒜頭和鷹爪辣椒所製成〕、鰹魚高湯〔熬煮而成〕、鮮奶油、牛奶、馬自拉乳酪、格拉娜・帕達諾起司）

製作方法

①製作醬料。把山藥以外的醬料材料全部混在一起加熱。材料充分混合後，關火，加入山藥充分攪拌。

②把切碎的蘿蔓萵苣、紅萵苣、特雷威索紅菊苣裝盤。

③裝飾切成適當大小的番茄和迷你小番茄，並淋上步驟①的醬料。最後，撒上格拉娜・帕達諾起司、黑胡椒和麵包丁。附上切好的檸檬。

20
SALAD

| P.137 |

弘前蔬菜和釜揚魩仔魚的凱薩沙拉

東京‧新橋
『現代青森料理與紅酒店　Bois Vert』

材料

白蘿蔔、蕪菁、胡蘿蔔、日本油菜、青江菜、鹽巴、洋蔥、萵苣、南部仙貝、炸油、沙拉醬（蒜頭、鯷魚、蘋果醋、油、蛋黃、鹽巴、胡椒）、魩仔魚、帕馬森乾酪、黑胡椒

製作方法

①白蘿蔔、蕪菁、胡蘿蔔切成容易食用的大小，用鹽水烹煮。日本油菜、青江菜也要用鹽水烹煮，切成容易食用的大小。

②洋蔥切片，萵苣撕碎。

③南部仙貝用油炸至酥脆。

④製作沙拉醬。把蛋黃、蘋果醋、鹽巴、胡椒放進調理碗攪拌，加入油進一步攪拌。混入蒜頭和鯷魚碎末。

⑤步驟①和步驟②的食材加以混合後，裝盤，從上面鋪上大量的魩仔魚，並且附上步驟③的南部仙貝。淋上步驟④的沙拉醬，撒上帕馬森乾酪和黑胡椒。

 21
SALAD

權太郎沙拉
佐凱薩沙拉醬

| P.137 |

大阪‧梅田『Yancha權太郎　初天神店』

材料

墨西哥薄餅、生鮮萵苣、小黃瓜、鮪魚、番茄、水煮蛋、凱薩沙拉醬

製作方法

①墨西哥薄餅塑整成器皿形狀，用油酥炸。

②把步驟①的墨西哥薄餅當成器皿，裝入生鮮萵苣、小黃瓜、鮪魚、番茄、水煮蛋。包含墨西哥薄餅，將整體淋上凱薩沙拉醬。

海鮮沙拉

 22
SALAD

| P.138 |

香蒜風味鰻魚白菜沙拉

東京‧四谷『四谷　YAMAZAKI』

材料

沙拉醬（蒜頭、洋蔥、沙拉油、醬油、砂糖、醋）、白菜、小黃瓜、蒲燒鰻、細蔥

製作方法

①製作沙拉醬。把切片的蒜頭炸成蒜頭酥。留下部分蒜頭酥，和切碎的洋蔥、醬油、砂糖、醋、沙拉油一起放進攪拌機攪拌，製作出沙拉醬。

②把白菜和小黃瓜削成片狀後，切成細絲。依白菜、小黃瓜的順序擺盤。

③撒上步驟①預留的蒜頭酥，淋上步驟①的沙拉醬。

④蒲燒鰻溫熱後，切成一口大小，擺在步驟③的食材上面，撒上細蔥蔥花。

 23
SALAD

棒棒蔬菜佐鯷魚沾醬

| P.139 |

東京‧八丁堀
『ROBATA　美酒食堂　爐與MATAGI』

材料

蒜頭、鯷魚、橄欖油、小黃瓜、山葵菜、秋葵、特雷威索紅菊苣、芹菜、金美人胡蘿蔔、紫胡蘿蔔、豌豆、小番茄

製作方法

①製作鯷魚沾醬。剝除蒜頭，放進倒滿水的鍋子加熱，烹煮3次後，搗碎。

②步驟①的蒜頭放涼後，放進攪拌機，加入鯷魚和橄欖油，攪拌成膏狀。

③小黃瓜、去皮的金美人胡蘿蔔、紫胡蘿蔔等可以切成棒狀的蔬菜切成棒狀，不能切成棒狀的蔬菜則採用盤前裝飾的方式（因為使用三浦蔬菜，所以蔬菜內容會因季節而變動）。棒狀的蔬菜插進特製的器皿裡。

④把步驟①的鯷魚沾醬倒進盤裡。附上切成對半的小番茄。

24 SALAD 蝦球酪梨沙拉附紅魚子

| P.139 |

大阪・福島『遊食酒家　Le Monde　福島店』

材料

鮮蝦、蛋白、太白粉、美乃滋、煉乳、鮮奶油、琴酒、番茄醬、鹽巴、胡椒、紅甘藍、紅萵苣、食用花卉、貝兒玫瑰、飛魚卵、米紙、番茄蒜頭風味的沙拉醬

製作方法

①製作蝦球。鮮蝦剝殼，去掉砂腸，撒上鹽巴、胡椒，加入太白粉和蛋白充分混合，用油酥炸。

②把美乃滋、煉乳、鮮奶油、琴酒、番茄醬、鹽巴、胡椒混在一起，製成醬料。步驟①的蝦球把油瀝乾後，裹上醬料。

③米紙用模型夾住，用油乾炸成帽子狀，把油瀝乾，備用。

④紅甘藍、紅萵苣切成容易食用的大小，裝盤。擺上步驟②的蝦球，裝飾上食用花卉和貝兒玫瑰。鋪上步驟③的米紙，在上面裝飾飛魚卵和貝兒玫瑰。品嚐前淋上沙拉醬。

25 SALAD 鮪魚洋蔥膠原沙拉

| P.140 |

東京・下北澤『Totoshigure　下北澤店』

材料

鮪魚罐頭、膠原、芥菜、芝麻菜、苦苣、芹菜、茴香芹、長蔥、櫻桃番茄、自製芝麻沙拉醬

製作方法

①芥菜、芝麻菜、苦苣、芹菜、茴香芹切成容易食用的大小，長蔥切成白髮蔥絲。

②把步驟①白髮蔥絲以外的食材和膠原、櫻桃番茄裝盤，把白髮蔥絲和瀝乾油的鮪魚放在正中央。

③淋上自製芝麻沙拉醬。

26 SALAD AJITO辣油泡菜

| P.140 |

大阪・難波『DINING AJITO』

材料

涮涮鍋用豬肉、泡菜魷魚、特製辣油、青紫蘇葉、白蔥、萵苣、米紙、平葉洋香菜

製作方法

①炭烤的豬肉放涼備用。

②把青紫蘇、芝麻葉、步驟①的豬肉、泡菜魷魚、白蔥、萵苣、特製辣油放在米紙上面，捲成圓筒狀。

③把步驟②切成4等分，裝盤。裝飾上平葉洋香菜。

27 SALAD 蟹肉酪梨塔塔沙拉

| P.141 |

東京・石神井公園『三☆居酒屋　喰醉TAKESI』

材料

青花菜、馬鈴薯、胡蘿蔔、玉米筍、蘆筍、番薯、蕪菁、小番茄、酪梨、洋蔥、松葉蟹的蟹肉、柴漬、紫蘇子、美乃滋、義大利香醋、橄欖油、鹽巴、胡椒、蘇打餅、捲葉洋香菜

製作方法

①青花菜、馬鈴薯、胡蘿蔔、玉米筍、蘆筍、番薯、蕪菁分別做好預先處理後，用水烹煮。

②酪梨去除外皮和種籽，加入切碎的洋蔥和柴漬、松葉蟹的蟹肉、紫蘇子、美乃滋，製作成沾醬狀。

③烹煮義大利香醋，加入橄欖油、鹽巴、胡椒。

④把步驟①和②的食材裝盤，隨附上小番茄和蘇打餅。附上步驟③的沾醬，裝飾上捲葉洋香菜。

28 SALAD 辣味青花菜和櫻花蝦附芫荽

| P.142 |

東京・笹塚『Wine 食堂　久（Qyu）』』

材料

A（把橄欖油、蒜頭、鯷魚、迷迭香放在一起溫油慢

煮）、青花菜、鹽巴、橄欖油、蒜頭、鯷魚、紅辣椒、櫻花蝦、芫荽

製作方法

①把A的材料切成碎末。

②用放了較多鹽巴的熱水烹煮青花菜，瀝乾水分。

③橄欖油放進平底鍋加熱，放進蒜頭、鯷魚、紅辣椒、櫻花蝦，產生香氣後，放進步驟②的青花菜，加入步驟①的A材料，充分混合。

④把步驟③的食材裝盤，放上切碎的芫荽，完成。

 29 SALAD
香煎沙丁魚的尼斯風沙拉
| P.142 |

東京・笹塚『Wine 食堂　久（Qyu）』

材料

沙丁魚、鹽巴、胡椒、小番茄、甜椒、紅洋蔥、橄欖、幼嫩葉蔬菜、自製沙拉醬（用洋蔥、蒜頭、紅葡萄酒醋、葡萄籽油、EXV橄欖油、橘皮等混合而成）、水煮蛋、檸檬、蒔蘿

製作方法

①沙丁魚進行預先處理，抹上較多的鹽巴、胡椒，用平底鍋香煎。

②蔬菜類的食材切成容易食用的大小，放進調理碗，用自製沙拉醬拌勻。

③把步驟②的食材鋪在盤上，把步驟①的沙丁魚放在盤子中央，隨附上水煮蛋、檸檬，撒上蒔蘿。

 30 SALAD
軟絲蔬菜沙拉佐奇異果沙拉醬
| P.143 |

東京・神泉『海與田　POTSURAPOTSURA』

材料

軟絲（生魚片用）、蕪菁、羅馬花椰菜、黃金花椰菜、青花菜、四季豆、綠蘆筍、油菜、芥菜、甜椒、紅蘿蔓萵苣、紅莖菠菜、橄欖油、自製法式沙拉醬、奇異果沙拉醬（奇異果、白酒醋、自製法式沙拉醬、鹽巴、胡椒等）、醬油漬鮭魚子

製作方法

①在軟絲上頭加上刀紋，切成薄片，用瓦斯噴槍烘烤表面。以橄欖油醃泡。

②蕪菁、羅馬花椰菜、黃金花椰菜、青花菜、四季豆、綠蘆筍、油菜、芥菜切成容易食用的大小，水煮之後過冷水，再去除水氣。

③甜椒切成細絲，紅蘿蔓萵苣、紅莖菠菜切成容易入口的細絲。

④用法式沙拉醬拌步驟②和步驟③的食材。

⑤製作奇異果沙拉醬。奇異果的果肉過篩後，加入白酒醋、法式沙拉醬、鹽巴、胡椒等混合攪拌。

⑥把步驟④和步驟①的食材裝進器皿，淋上步驟⑤的沙拉醬後，撒上醬油浸漬的鮭魚子。

 31 SALAD
鮮魚冷盤和梅干雪酪的冰涼沙拉
| P.144 |

東京・三宮『雪月風花』

材料

A（梅干、雪酪、紅紫蘇、水、醋、昆布、砂糖）、綜合沙拉（紅甜椒、黃甜椒、紅洋蔥、生菜、萵苣、紅萵苣）、鮮魚（鰤魚）、洋蔥、小番茄、茴香芹

製作方法

①把A材料放進鍋裡，加熱直到砂糖溶解為止。

②步驟①的材料放涼，放進陶瓷盆等器皿裡，放進冰箱裡冷凍。

③把綜合沙拉裝盤，擺放上鰤魚。裝飾上切片的洋蔥。

④用湯匙等道具挖出步驟②的雪酪，放在最頂層。裝飾上小番茄、茴香芹。

 32 SALAD
生章魚和芫荽的香草炸彈！泰式沙拉
| P.144 |

東京・自由之丘
『自由之丘　直出酒窖事業部』

材料

生章魚、芫荽、芝麻菜、紅萵苣、SILK萵苣、青紫蘇、水菜、松子、沙拉醬（尖椒、蝦米、蒜頭、魚露、醋、酢橘汁）

製作方法

①製作沙拉醬。把所有配料放進攪拌機攪拌，攪拌至保留顆粒口感的程度。

②生章魚切成薄片，芫荽和其他菜葉類蔬菜切成適當大小。

③把步驟②的食材裝盤，在周邊排列上生章魚。淋上步驟①的沙拉醬，撒上松子即可。

肉類沙拉

33 SALAD 有機蔬菜和馬鬃肉佐自製馬肉味噌

| P.145 |

神奈川・川崎『馬肉料理和蒸蔬菜　型無夢莊』

材料

馬鬃肉、生蔬菜（蕪菁、小黃瓜、玉米筍、秋葵、黃甜椒、紅甜椒、小番茄、紅萵苣、黑蘿蔔）、蘇打水、馬肉味噌（【A】食用油、馬絞肉、蔥絲、蒜泥、生薑泥、白味噌、紅味噌、苦椒醬、味醂、醋、砂糖、豆瓣醬【B】青紫蘇切碎、碎芝麻）

製作方法

①把生蔬菜切成適當大小，紅萵苣切成一口大小。

②把步驟①的食材浸泡在蘇打水中。

③馬鬃肉切成薄片，汆燙備用。

④把馬肉味增的A材料放進鍋裡，開火拌炒至香味出來為止。完成後放涼，再把B材料放進攪拌。

⑤把步驟②和③的食材裝盤，再附上步驟④的馬肉味噌即可。

34 SALAD 二重脂和葡萄柚的生馬肉沙拉

| P.146 |

神奈川・川崎『馬肉料理和蒸蔬菜　型無夢莊』

材料

馬的二重脂、紅萵苣、洋蔥、葡萄柚、小番茄、帕瑪森乾酪、平葉洋香菜、柚子沙拉醬（柚子果汁、EX橄欖油、鹽巴）

製作方法

①紅萵苣撕成一口大小，洋蔥切成薄片，分別浸泡在冷水中。小番茄切成3～4等分的薄片。葡萄柚去皮備用。

②馬的二重脂、帕瑪森乾酪切成薄片備用。

③把步驟①的食材裝盤，然後在上面鋪滿步驟②的食材，撒上切碎的平葉洋香菜。

④把材料混合製成柚子沙拉醬，淋在步驟③的食材上即可。

35 SALAD kamon自製煙燻沙拉

| P.147 |

京都・河原町『kamon』

材料

鴨肉、干貝、天然乳酪、核桃和橡樹木屑、櫻桃木屑、幼嫩葉蔬菜、小蕪菁、水果番茄、香草橄欖油、胡椒

製作方法

①燻製鴨肉、干貝、天然乳酪。鴨肉和干貝用核桃和橡樹木屑燻製。天然乳酪則用櫻桃木屑燻製。

②把幼嫩葉蔬菜裝盤，擺上步驟①的燻製食材和切成一口大小的小蕪菁、水果番茄。

③淋上香草橄欖油和胡椒。

36 SALAD 雞肝和培根、香菇的溫製沙拉

| P.147 |

東京・新橋『MOTSU BISUTORO　麥房家』

材料

雞肝、培根、鴻禧菇、紅萵苣、生鮮萵苣、蔥、芝麻、麵包丁（法國麵包切丁後，用烤箱烘烤）、橄欖油、自製法式沙拉醬、紅葡萄酒醋

製作方法

①雞肝用水沖洗，去除腥味，切成適當的大小。

②把橄欖油放進平底鍋，放進培根、步驟①的雞肝和鴻禧菇香煎。培根變得酥脆後，用法式沙拉醬、紅葡萄酒醋調味。

③把撕碎的紅萵苣、生鮮萵苣裝在盤裡，將步驟②的食材盛裝在盤中央。撒上蔥花、麵包丁、芝麻。

37 SALAD 淡雪豬肉沙拉

| P.148 |

大阪·福島『遊食酒家　Le Monde　福島店』

材料

豬五花、水菜、白菜、小番茄、鴨兒芹、菊花、「淡雪」（麵露、明膠、蛋白）、法式沙拉醬、一味唐辛子

製作方法

①製作「淡雪」。用鍋子加熱麵露，溶入明膠，放涼。加入蛋白，打發至確實起泡後，放涼，製作成「淡雪」。

②豬五花用煮沸的熱水汆燙後，放涼備用。

③白菜切成細條，鴨兒芹切成容易食用的長度。小番茄縱切成4塊備用。

④步驟③的白菜鋪底，接著擺上步驟②的豬肉。撒上步驟③的鴨兒芹和小番茄，淋上法式沙拉醬。最後，在最上面擺上步驟①的『淡雪』，放上鴨兒芹裝飾。

38 SALAD 櫻島雞 酥脆Choregi沙拉

| P.149 |

東京·新橋『雞菜　三宮店』

材料

櫻島雞的雞腿肉、調味醬汁（酒、醬油、鹽巴、胡椒）、紅萵苣、水菜、特雷威索紅菊苣、炸蕎麥麵、Choregi沙拉醬、甜椒、蔥、檸檬

製作方法

①雞腿肉放進鍋裡，淋上用酒、醬油、鹽巴、胡椒混合製成的調味醬汁，蓋上鍋蓋，蒸煮15分鐘左右。

②紅萵苣、水菜、特雷威索紅菊苣撕成適當大小，裝盤，在上面鋪滿炸蕎麥麵，把步驟①的雞肉放在正中央。

③淋上Choregi沙拉醬，擺上甜椒、蔥花、檸檬裝飾。

39 SALAD 山藥生火腿卷

| p149 |

東京·中目黑『樂喜DINER』

材料

帕爾瑪產的生火腿、山藥（片）、山藥（泥）、小黃瓜、橄欖油、小番茄、山藥脆片、香草鹽、平葉洋香菜（粉末）、平葉洋香菜（裝飾用）

製作方法

①用帕爾瑪產的生火腿把山藥片、碎小黃瓜、山藥泥卷在一起。

②裝盤，淋上橄欖油，擺上小番茄裝飾。

③上面擺上切成適當大小後油炸的山藥脆片，再撒上香草鹽、平葉洋香菜粉。裝飾上平葉洋香菜。

番茄沙拉

40 SALAD DEN's特製 完熟蜜桃番茄

| P.150 |

東京·吉祥寺『「餐飲屋祥寺」的店下　DEN's café』

材料

水、水蜜桃香甜酒、細砂糖、番茄（Sicilian Rouge）、茴香芹

製作方法

①把水蜜桃香甜酒200cc、細砂糖100g加入700cc的水中，製作出特製糖漿。

②番茄（Sicilian Rouge）汆燙去皮，放進調理碗，加入步驟①的糖漿。

③把調理碗放進蒸籠，蒸煮10～15分鐘。溫度如果太高，番茄會過分膨脹，所以要在稍微膨脹的時候關火。

④步驟③的番茄隔著調理碗用冰水降溫，放進冰箱冷卻。

⑤把步驟④的番茄裝盤，裝飾上茴香芹。

41 SALAD 南法風番茄冷盤

| P.150 |

東京·神樂坂『季節料理　神樂坂　KEN』

材料

番茄（桃太郎）、鹽巴、胡椒、蒜頭、火蔥、醬油、義大利香醋、橄欖油、精碾香草（平葉洋香菜、蝦夷蔥、茴香芹、蒔蘿、香艾菊）

製作方法

①製作精碾香草。把所有香草切成碎末，混合在一起。

②蒜頭、火蔥切成碎末。

③番茄汆燙去皮，切除蒂頭，縱切入刀，切成厚度5mm的片狀。

④把步驟③的番茄片擺盤，撒上鹽巴、胡椒，撒上步驟②的食材，淋上醬油、義大利香醋、橄欖油。鋪上步驟①的精碾香草，完成。

42 SALAD 番茄酪梨沙拉佐黑橄欖醬

| P.151 |

神戶・三宮『沖繩鐵板BAR　Meat Chopper』

材料

番茄、酪梨、黑橄欖醬（鰻魚、黑橄欖、酸豆）、平葉洋香菜

製作方法

①製作黑橄欖醬。鰻魚、黑橄欖、酸豆放進攪拌機攪拌混合。

②番茄切成半月形，酪梨去除種籽和外皮，切成一口大小。

③依序將步驟②的番茄、酪梨、步驟①的黑橄欖醬擺盤。裝飾上平葉洋香菜。

43 SALAD 糖漬聖女小番茄

| P.152 |

大阪・福島『福島金魚』

聖女小番茄、白酒、細砂糖、茴香芹

製作方法

①把白酒倒進鍋裡煮沸，酒精成分揮發之後，加入細砂糖。

②聖女小番茄汆燙去皮。

③把步驟②的去皮番茄浸泡在步驟①的湯汁中，在冰箱裡放置1天左右。

④把湯汁和步驟③的番茄一起裝盤，再用茴香芹加以裝飾即可。

44 SALAD 水果番茄的味噌漬

| P.152 |

東京・神泉『海與田　POTSURAPOTSURA』

材料

水果番茄（高知產）、仙台味噌、白味噌、炸麵衣

製作方法

①水果番茄去掉蒂頭後，汆燙去皮。

②混入仙台味噌和白味噌、炸麵衣，把步驟①的整顆番茄浸泡在裡面半天左右。

③客人點餐時，把整顆番茄切成一口大小，即可裝盤上桌。

45 SALAD 桃醋漬黑蒜頭和番茄

| P.153 |

東京・阿佐谷『野菜食堂　HAYASHIYA』

材料

黑蒜頭（市售品）、小番茄、豆腐、味噌、洋蔥、甜椒、小黃瓜、麴、鹽巴、砂糖、桃醋（桃子、醋、冰糖混合製成）、胡蘿蔔葉

製作方法

①小番茄切成對半。豆腐挖成球狀，放進味噌裡浸漬12小時，製作成燻製。洋蔥、甜椒、小黃瓜切成適當大小，用麴、鹽巴、砂糖浸漬1天，製作成三五八漬。

②步驟①的食材連同黑蒜頭一起，擺放進玻璃杯裡，淋上桃醋。裝飾上胡蘿蔔葉。

46 SALAD 薄荷蜜桃醃番茄

| P.154 |

埼玉・所澤『居酒屋　TOMBO』

材料

番茄、白酒、水蜜桃香甜酒、鹽巴、檸檬汁、水蜜桃汁、薄荷葉

製作方法

①番茄汆燙去皮。

②把白酒、水蜜桃香甜酒放進鍋裡，加熱讓酒精揮

發。加入鹽巴、檸檬汁、水蜜桃汁混合，放涼。

③把步驟①番茄放進步驟②湯汁裡浸漬一晚備用。

④把步驟③的番茄連同湯汁一起裝盤，附上薄荷葉。

47 SALAD 浸漬桃太郎番茄
～附奶油起司～

| P.154 |

神戶・三宮『Vegetable Dining　畑舍』

材料

番茄（桃太郎番茄）、浸漬湯汁（白醬油、淡口醬油、味醂、柴魚片）、奶油起司、柴魚片、白蘿蔔、水晶菜

製作方法

①番茄汆燙去皮。

②製作浸漬湯汁。把白醬油、淡口醬油、味醂放進鍋裡加熱。加入柴魚片烹煮，用布加以過濾。

③把步驟①的番茄放進步驟②的湯汁裡浸漬一晚。

④把步驟③的番茄裝盤，倒進浸漬湯汁。擺上奶油起司和柴魚片，附上削切成螺旋狀的白蘿蔔和水晶菜。

48 SALAD 番茄沙拉

| P.155 |

東京・明大前『魚酎　UON-CHU』

材料

番茄、紫洋蔥、洋蔥、蔥芝麻沙拉醬（市售品）、洋蔥酥（市售品）、乾巴西里

製作方法

①紫洋蔥和洋蔥切片後泡水，並切成較粗的碎末狀。

②番茄厚切成片。

③把步驟①的食材鋪在步驟②的厚切番茄片上，再放上大量的洋蔥酥。

④把蔥芝麻沙拉醬淋在步驟③的食材上面，最後撒上乾巴西里。

49 SALAD 冰鎮「桃」番茄

| P.155 |

千葉・市原『炭烤隱家　Dining Ibushigin』

材料

番茄、水、細砂糖、水蜜桃香甜酒、茴香芹

製作方法

①番茄汆燙去皮。

②把水、細砂糖、水蜜桃香甜酒放進鍋裡煮沸，讓酒精揮發。

③把步驟①的番茄放進熱度未消的步驟②裡面，直接放涼後，放進冰箱冷藏。

④把步驟③的番茄切成容易食用的大小裝盤，淋上步驟②的湯汁，擺上茴香芹裝飾。

馬鈴薯沙拉

50 SALAD 鹽漬鮭魚子馬鈴薯沙拉

| P.156 |

東京・八丁堀
『內臟鍋　割烹　雞肉鹽味拉麵
竹井幸彥　八丁堀茅場町店』

材料

鹽漬鮭魚子的醬油漬（鹽漬鮭魚子、醬油、酒、味醂）、馬鈴薯、小黃瓜、洋蔥、水煮蛋、A（鹽巴、胡椒、西洋黃芥末、醬油、美乃滋）

製作方法

①製作鹽漬鮭魚子。把鹽漬鮭魚子放進溫水中稍微搓揉，去除鹽味。把去除鹽味的鹽漬鮭魚子放進器皿，加入醬油、酒、味醂，浸漬半天以上。

②馬鈴薯烹煮至軟爛程度，趁熱去除外皮。放進調理碗按壓成泥狀。小黃瓜、洋蔥切成薄片，洋蔥泡水15分鐘後，把水分瀝乾。水煮蛋粗略搗碎。

③把步驟②的食材放進調理碗。加入材料A混合，調味。堆疊盛裝在盤裡（高度約7cm），再撒上步驟①的鹽漬鮭魚子。

51 SALAD 肉味噌馬鈴薯沙拉

| P.157 |

東京・自由之丘『HIRAKUYA』

材料

馬鈴薯、鹽巴、胡椒、小黃瓜、絞肉、青辣椒味噌、

醬汁、美乃滋、苦椒醬、七味唐辛子、半熟水煮蛋、萬能蔥、白芝麻、烤海苔、辣油

製作方法

①馬鈴薯用鹽水烹煮後，去除外皮，撒上鹽巴、胡椒，按壓成泥狀。

②把薄切的小黃瓜、甜辣烹煮的絞肉、青辣椒味噌、醬汁、美乃滋、苦椒醬、七味唐辛子混進步驟①的馬鈴薯泥裡面。

③最後擺上水煮蛋，撒上萬能蔥、白芝麻。附上烤海苔和辣油。

52 SALAD 煙燻蛋馬鈴薯沙拉

| P.157 |

大阪・福島『parlor184』

材料

雞蛋、櫻桃木屑、馬鈴薯沙拉（馬鈴薯〈品種：男爵、印加〉、培根、洋蔥、小黃瓜、美乃滋、鹽巴、胡椒）、青蔥、高湯醬油、芝麻醬、橄欖油、黑胡椒、平葉洋香菜、紅胡椒

製作方法

①製作半熟蛋，用櫻桃木屑燻製。

②製作馬鈴薯沙拉。男爵馬鈴薯蒸煮去皮，用網格略粗的過濾器過篩。印加馬鈴薯蒸煮去皮，切成骰子狀。把2種馬鈴薯和培根、洋蔥、小黃瓜、美乃滋、鹽巴、砂糖混在一起。

③把步驟②的馬鈴薯沙拉裝盤，將步驟①的半熟蛋切成對半，擺在最上面。

④在煙燻半熟蛋上面淋上高湯醬油，撒上蔥花，再淋上芝麻醬和橄欖油、黑胡椒。最後撒上平葉洋香菜，擺上紅胡椒裝飾。

53 SALAD 烤鱈魚子馬鈴薯沙拉

| P.158 |

東京・明大前『魚酎　UON-CHU』

材料

生鱈魚子（整顆）、馬鈴薯沙拉（市售品）、黑胡椒、萬能蔥

製作方法

①把生鱈魚子放在烤台上充分燒烤。

②把馬鈴薯沙拉裝在器皿裡，撒上黑胡椒和萬能蔥。把步驟①的烤鱈魚子放在上方。

③端到客人面前，由服務人員搗碎攪拌後即可。

54 SALAD R-18指定 秋季成人的馬鈴薯沙拉

| P.159 |

東京・池袋『Power Spot居酒屋　魚串　炙緣』

材料

馬鈴薯〈品種：印加〉、洋蔥、煙燻蘿蔔、美乃滋、鹽巴、粗粒黑胡椒、鰻魚、里肌火腿、番薯、沙拉油、巴西里粉

製作方法

①洋蔥、煙燻蘿蔔切成碎末。

②馬鈴薯蒸煮30分鐘，在常溫下放涼。

③把美乃滋、鹽巴、粗粒黑胡椒、鰻魚放進調理碗混合。混入步驟①的食材，接著用手捏碎步驟②的馬鈴薯，放入碗裡混合。稍微混合後，放進冰箱冷藏。

④里肌火腿切成對半。

⑤番薯切片，用180℃的沙拉油乾炸30～40秒。

⑥在客人點餐時，把步驟③的馬鈴薯沙拉、步驟④捲成對半的里肌火腿放進器皿裡。插入步驟⑤的番薯片，撒上巴西里粉。

55 SALAD 帕馬森乾酪和 煙燻蘿蔔的 馬鈴薯沙拉

| P.159 |

東京・澀谷『Dining Restaurant ENGAWA』

材料

馬鈴薯、砂糖、美乃滋、鹽巴、胡椒、芥末粒、帕馬森乾酪、煙燻蘿蔔

製作方法

①馬鈴薯放進加了砂糖的熱水裡烹煮。烹煮去皮後，壓碎成馬鈴薯泥。

②把美乃滋、鹽巴、胡椒、芥末粒、帕馬森乾酪、切片的煙燻蘿蔔放進步驟①的馬鈴薯泥裡面，混合攪拌。

56 SALAD 餐前小菜

| P.160 |

東京・外神田『蔬菜・紅酒　Orenchi』

材料

草莓、金橘、紅菜椒、番薯、白芹、紅莖波菜、Ayame雪蕪菁、櫻桃蘿蔔、花椰菜、小黃瓜、島胡蘿蔔、番茄、菊薯、水晶菜、起司沾醬（洋蔥、捲葉洋香菜、奶油起司、白葡萄酒醋、鮮奶油、鹽巴、橄欖油）

製作方法

①製作起司沾醬。把奶油起司、白葡萄酒醋、鮮奶油、鹽巴、橄欖油放進攪拌機攪拌，混入切成碎末的洋蔥、捲葉洋香菜。
②食材分別處理後，裝盤。附上步驟①的起司沾醬。

57 SALAD 當季料理的義式溫沙拉

| P.161 |

名古屋・西區『Fine Dining TASTE-6』

材料

義式熱醬料（蒜頭、牛奶、鯷魚醬、橄欖油、鮮奶油、生薑）、南瓜醬（南瓜、蜂蜜、鮮奶油、鹽巴）、季節蔬菜（桃蕪菁、今市蕪菁、紫胡蘿蔔、青花菜、花椰菜、黃花椰菜、櫻桃蘿蔔、紫芋、安納芋等）、橄欖油、岩鹽

製作方法

①製作義式熱醬料。蒜頭去皮，用牛奶烹煮，去除腥味和澀味。加入鯷魚醬、橄欖油、鮮奶油混合，再加入生薑末混合攪拌。
②製作南瓜醬。南瓜烹煮後，壓碎成南瓜泥，和剩下的材料混合攪拌。
③蔬菜類切成容易食用的大小，煮熟。
④在器皿底部鋪上冰塊，將步驟③的蔬菜排列在器皿裡。把義式熱醬料倒進油鍋（Oil Fondue），並分別將南瓜醬、橄欖油和岩鹽混合而成的醬料裝進小碟，隨蔬菜一起上桌。

58 SALAD 蒸籠義式溫沙拉

| P.162 |

東京・惠比壽
『ark-PRIVATE LOUNGE／CAFÉ & DINING』

材料

蒜頭、鯷魚、橄欖油、鮮奶油、西京味噌、紅甜椒、黃甜椒、秋葵、玉米筍、西瓜蘿蔔、銀杏、青江菜、蕪菁、花椰菜、青花菜、粉紅岩鹽、抹茶鹽

製作方法

①把橄欖油和蒜頭放進鍋裡，用小火加熱，蒜頭產生香氣後，加入鯷魚、鮮奶油，烹煮至濃稠程度，加入西京味噌充分混合。
②蔬菜切成容易食用的大小，用蒸籠蒸熟。
③步驟①的醬料加熱後，倒進器皿，連同步驟②的蒸籠一起擺盤。隨附上粉紅岩鹽、抹茶鹽。

59 SALAD 下町義式溫沙拉

| P.163 |

東京・門前仲町『炭烤&紅酒　情熱屋』

材料

醬料（橄欖油、鷹爪辣椒、鯷魚、豆漿、鹽巴、蒜頭）、菊苣、甜椒、小黃瓜、胡蘿蔔、紅蕪菁、黃蕪菁、白蘿蔔、黑甘藍、青花菜、小番茄

製作方法

①把橄欖油、蒜頭、鷹爪辣椒、鯷魚放在一起加熱。冷卻後，放進豆漿和鹽巴混合。
②蔬菜裝在器皿內，擺在盤子上面，步驟①的醬料在上桌之前用打泡器攪拌，放進其他器皿一起上桌。

60 SALAD 有機蔬菜 義式溫沙拉 佐八丁味噌

| P.164 |

東京・虎之門『la tarna di universo Comon』

材料

特製調合味噌（由八丁味噌和白味噌混合而成）、鯷魚、橄欖油、萵苣、小黃瓜、紅色和黃色的甜椒、姬胡蘿蔔、姬白蘿蔔、小番茄、蘘荷、紅白薑芽

製作方法

①製作義式熱醬料。把該店的特製調和味噌放進鍋裡，加入鰹魚和橄欖油，開火煮沸後，放進玻璃器皿。

②在盤底鋪上撕碎的萵苣，擺上縱切的小黃瓜、紅色和黃色的甜椒、整條姬胡蘿蔔、姬白蘿蔔、小番茄、蘘荷、紅白薑芽，做出華麗且極具分量感的擺盤後，在旁邊隨附上步驟①的義式熱醬料。

61 SALAD 山形義式溫沙拉佐 Amapicho醬

| P.164 |

東京・丸之內『Yamagata BAR Daedoko』

材料

Amapicho醬（奶油、鮮奶油、Amapicho〈山形味噌〉）、當季蔬菜10種左右（採訪當時是採用萵苣、甜椒、水果番茄、船形蘑菇、綠蘿蔔、蘘荷、小黃瓜、芹菜、胡蘿蔔、西洋菜、紅蘿蔔、水煮的青花菜）

製作方法

①製作Amapicho醬。把奶油、鮮奶油、Amapicho混合在一起烹煮，收乾湯汁後，放進專用的器皿。

②把蔬菜分別切成容易食用的大小。把碎冰鋪在盤底，擺上10種左右的蔬菜。

③把步驟②的蔬菜送上桌，並加熱步驟①的醬料。

62 SALAD 鮮豔蔬菜的 義式溫沙拉 ～佐味噌醬～

| P.165 |

東京・中野
『肉食類小酒館&紅酒酒場　Tsui-teru！』

材料

醬料（奶油、蒜頭、味噌、鮮奶油、鰹魚、花生奶油）、當季蔬菜（紅色和黃色的甜椒、紅萵苣、生鮮萵苣、芹菜葉、芹菜、Ladies蘿蔔〈沙拉用蘿蔔〉）、玉米筍、甜豆、秋葵、小番茄、蕪菁、Red Eye〈紅洋蔥〉、甜菜根葉、水菜、綠蘆筍、扁豆、菜豆、胡蘿蔔、綜合嫩葉

製作方法

①製作醬料。用奶油炒切碎的蒜末。蒜頭產生香氣後，加入味噌、鮮奶油、鰹魚、花生奶油加熱。食材持續產生香氣後，放進攪拌機攪拌，讓醬料呈現乳化。

②季節蔬菜切成適當大小，需要預先處理的部分就進行預先處理。蔬菜在器皿上擺出色彩繽紛的模樣，把步驟①的醬料放進器皿，一起上桌。

63 SALAD 鮮豔根莖蔬菜的 山藥優格 佐和風卡布里沙拉

| P.166 |

東京・中目黑『樂喜DINER』

材料

醬料（山藥、原味優格、鰹魚高湯、鹽巴、胡椒、檸檬汁）、蔬菜（小番茄、櫛瓜、胡蘿蔔、白蘿蔔、小黃瓜）、春卷皮、鹽巴、黑芝麻粉、黑胡椒、捲葉洋香菜

製作方法

①春卷皮撒上一點鹽，油炸後當成器皿使用。

②製作醬料。把山藥磨成泥，混入鰹魚高湯、原味優格。用鹽巴、胡椒調味，再加入檸檬汁。

③蔬菜全部切丁。裝進步驟①所製作的春卷器皿裡，並淋上步驟②的醬料。撒上黑芝麻粉、黑胡椒，再加上捲葉洋香菜。

64 SALAD 醬菜青豆豆腐的 卡布里沙拉

| P.167 |

東京・丸之內『Yamagata BAR Daedoko』

材料

青豆豆腐、帕馬森乾酪、番茄、醬菜（小黃瓜、茄子、秋葵、蘘荷切碎混合成的山形鄉土料理）、羅勒醬、柚子醋、EXV橄欖油、羅勒

製作方法

①把青豆豆腐切成適當厚度，瀝乾水分，讓帕馬森乾酪融入其中。

②番茄切成較薄的半月切。

③在醬菜裡加入羅勒醬和柚子醋。

④把步驟①的青豆豆腐和步驟②的番茄片交錯擺放在盤上，鋪上步驟③的醬菜，淋上EXV橄欖油。裝飾上羅勒。

65 SALAD 都筑產蘘和番茄的 卡布里沙拉

| P.167 |

神奈川・都筑『創作台任具BAR　善』

材料

蕪菁、番茄、日本油菜、EXV橄欖油、松子、蒜頭、帕瑪森乳酪、鹽巴、胡椒

製作方法

①把蕪菁和番茄切成一口大小。

②日本油菜和松子、蒜頭、帕瑪森乳酪一起放進攪拌機，倒進橄欖油攪拌。用鹽巴調味，製作出醬料。

③把步驟①的食材裝盤，淋上步驟②的醬料，撒上胡椒。

其他沙拉

66 SALAD
沾麵沙拉

| P.168 |

大阪・梅田『Yancha權太郎　初天神店』

材料

中華麵、水菜、白蘿蔔、胡蘿蔔、海苔絲、沾麵醬（山藥、芝麻沙拉醬、萬能蔥）

製作方法

①製作沾麵醬。山藥磨成泥狀，混進芝麻沙拉醬裡面，加上萬能蔥。

②中華麵煮熟後，裝盤。放上水菜、切片的白蘿蔔、切絲的胡蘿蔔，撒上海苔絲。

67 SALAD
大量蔬菜的冷麵沙拉
～來自盛岡的熱情～

| P.169 |

愛知・刈谷『創作和洋DINING　OHANA』

材料

冷麵的麵條、冷麵湯汁、小黃瓜、水煮蛋、雞肉、泡菜、萵苣、海水晶、白髮蔥、鴨兒芹、檸檬

製作方法

①冷麵用煮沸的熱水煮熟，浸泡冷水，讓麵條更Q彈。

②把冷麵盛裝在器皿內，倒進湯汁。放進所有蔬菜和配菜後，就完成了。

68 SALAD
森林香菇納豆沙拉

| P.169 |

福岡・白金『博多Food Park　納豆家黏LAND』

材料

培根、鴻禧菇、金針菇、舞茸、青花菜、紅萵苣（或萵苣）、橄欖油、納豆粒、A（香蒜粉、中華高湯、納豆沾醬、胡椒）、特雷威索紅菊苣、炸牛蒡、麵包丁、柚子醋

製作方法

①培根切成1cm寬，鴻禧菇、金針菇、舞茸切除蒂頭，分成小朵。青花菜用鹽水烹煮，紅萵苣撕成適當大小。

②把橄欖油放進平底鍋加熱，放進培根、香菇類食材翻炒。進一步加入充分混合好的納豆，粗略翻炒，用材料A調味。

③把紅萵苣、青花菜、特雷威索紅菊苣裝盤，擺上步驟②的食材。鋪上炸牛蒡、麵包丁。依個人喜好淋上柚子醋。

69 SALAD
馬自拉和烏魚子、溏心蛋的醃泡沙拉
佐海苔慕斯

| P.170 |

東京・池袋『新和食　到　itaru』

材料

溏心蛋（雞蛋、柴魚高湯、醬油、味醂）、海苔慕斯（海苔絲、柴魚高湯、醋、醬油、酸豆、檸檬汁、明膠、沙拉油）、番茄、馬自拉乳酪、青紫蘇、鹽巴、胡椒、EXV橄欖油、烏魚子、黑胡椒

製作方法

①製作溏心蛋。把雞蛋放進沸騰的熱水裡，烹煮6分鐘後，放進冷水，剝除蛋殼，在柴魚高湯、醬油、味醂製成的浸漬醬汁裡浸漬2天。

②製作海苔慕斯。加熱海苔絲、柴魚高湯、醋、醬油、酸豆、檸檬汁，加入泡軟的明膠溶解。混入沙拉油，放進調理碗，放進冰箱冷卻。

③切成一口大小的番茄、撕碎的馬自拉乳酪和青紫蘇，用鹽巴、胡椒、橄欖油進行調味，加入薄切成片的烏魚子，裝盤。

④把步驟①的溏心蛋切成梳形切，撒上黑胡椒，送到顧客面前後，從上方擠進步驟②的慕斯。

70 SALAD 白菜鹽昆布沙拉

| P.170 |

東京・東高圓寺『四季料理　天★（TENSEI）』

材料

白菜（白、紫）、鹽昆布、柚子、鹽巴、醬油、太白芝麻油、白芝麻、辣椒絲

製作方法

①白菜分別清洗乾淨，把水分瀝乾，切成容易食用的大小。

②把鹽昆布、切絲的柚子皮、鹽巴、醬油放進步驟①的白菜裡面混合，最後淋上太白芝麻油。強力搓揉白菜的芯，保留些許口感。

③裝盤，裝飾上白芝麻、辣椒絲。

71 SALAD 裙帶菜心太沙拉

| P.171 |

東京・板橋區『中仙酒場　串屋SABUROKU』

材料

萵苣、裙帶菜、涼粉、囊荷、番茄、秋葵、沾醬（涼麵沾醬、檸檬汁）、日式芥末、白芝麻、青海苔

製作方法

①切絲的萵苣、用水泡軟的裙帶菜、涼粉、切絲的囊荷，依序堆疊在盤裡，周圍擺上切塊的番茄、切片的秋葵。

②淋上由涼麵沾醬和檸檬汁混合而成的沾醬。隨附上日式芥末，撒上白芝麻、青海苔。

72 SALAD 豆腐和石蓴海苔的清爽沙拉

| P.171 |
佐納豆梅醬

東京・自由之丘『HIRAKUYA』

材料

菜葉蔬菜（紅萵苣、生鮮萵苣、苦苣、西洋菜、白芹、特雷威索紅菊苣）、豆苗、蘿蔔嬰、囊荷、鴨兒芹、日式豆皮、A（石蓴海苔、豆腐、美乃滋、萬能蔥、芝麻、柴魚片、海苔絲）、納豆沙拉醬（沙拉油、梅精、紅紫蘇葉）

製作方法

①混合菜葉蔬菜，裝盤。

②逐一擺上少量的豆苗、蘿蔔嬰、囊荷、鴨兒芹。

③放上用炭火炙烤的日式豆皮和材料A。附上納豆沙拉醬。

73 SALAD 醃鯖魚生春捲

| P.172 |

東京・神樂坂『季節料理　神樂坂　KEN』

材料

醋醃鯖魚、紅萵苣、白蘿蔔、胡蘿蔔、小黃瓜、米紙、沾醬（芝麻醬、豆瓣醬、澱粉糖漿、蒜頭、醬油、蠔油、米醋、芝麻油）

製作方法

①製作沾醬。把所有材料混合，充分攪拌。

②把前一天用醋稍微醃過的鯖魚切成棒狀。

③白蘿蔔、胡蘿蔔、小黃瓜切成細絲。

④在用水泡軟的米紙上面鋪上紅萵苣，排列上步驟③的食材，以步驟②的鯖魚為軸，將食材捲起來。

⑤把步驟①的沾醬倒進器皿裡，把步驟④的春捲切成2.5cm寬，裝盤。

74 SALAD 蔥鮪生豆皮春捲

| P.172 |

東京・三鷹『獨創Dining MACCA』

材料

鮪魚肉、蔥、甜椒、小黃瓜、紅萵苣、美乃滋風味的甜辣醬、生豆皮、辣椒粉、茴香芹

製作方法

①把切碎的蔥和鮪魚混在一起，用菜刀剁碎，製成蔥鮪。

②甜椒、小黃瓜切片，蔥切成白髮蔥。

③攤開生豆皮，放上步驟①的蔥鮪和步驟②的食材，淋上美乃滋風味的甜辣醬，捲成春捲狀。

④切成段狀後，撒上辣椒粉，裝盤後，放上茴香芹裝飾。

「創意沙拉料理」的餐廳列表

ark-PRIVATE LOUNGE/CAFÉ&DINING
東京都渋谷区恵比寿南1-12-5 1F-4F
03-3713-6564

アトリエ・ド・フロマージュ　南青山店
東京都港区南青山3-8-5 デルックスビル1F
03-6459-2464

イザカヤ　TOMBO
埼玉県所沢市緑町2-1-5
04-2939-4010

いざかや　ほしぐみ
東京都世田谷区三軒茶屋2-13-10
03-3487-9840

魚酎　UON-CHU
東京都世田谷区松原2-42-5 1F
03-6379-2957

うみとはたけ　ぽつらぽつら
東京都渋谷区円山町22-11 堀内ビル1F
03-5456-4512

沖縄鉄板バル　ミートチョッパー
兵庫県神戸市中央区琴ノ緒町5-5-29
078-252-2345

kamon
京都府京都市下京区寺町通仏光寺下ル恵美須之町527 1F
075-202-4935

関西酒場　らくだば
東京都新宿区新宿1-23-16 第2得丸ビル1F
03-6457-4500

季節料理　神楽坂　けん
東京都新宿区神楽坂3-10
03-3269-7600

京風創作料理　浜町
京都府京都市中京区河原町通三条上ル恵比須町448-2
075-257-4949

現代青森料理とワインのお店 Bois Vert
東京都港区西新橋1-13-4 B1
03-5157-5800

魚・地どり・豆ふ　伝兵衛　池袋店
東京都豊島区南池袋1-26-9 第2MYTビル4F
03-5957-5225

四季料理　天★
東京都杉並区梅里1-21-17
03-3311-0548

自由が丘　直出しワインセラー事業部　03-5701-0025
　　　　　　　地下のワインセラー事業部　03-5701-0528
東京都目黒区自由が丘1-24-8 フェリ・ド・フルール1F

新和食　到　itaru
東京都豊島区南池袋2-23-4 2F
03-6915-2181

炭火焼き＆ワイン　情熱屋
東京都江東区門前仲町2-3-13
03-5639-1139

炭焼隠家だいにんぐいぶしぎん
千葉県市原市五井中央西2-2-5 サンパークビル2F
0436-26-3733

雪月風花
兵庫県神戸市中央区北長狭通2-1-1 パープル山勝6F
078-333-0075

創作台任具BAR 善
神奈川県横浜市都筑区勝田町1071
045-948-6955

創作和洋DINING OHANA
愛知県刈谷市桜町1-53
0566-27-1139

DINING あじと
大阪府大阪市中央区難波千日前4-20
06-6633-0588

Dining Restaurant ENGAWA
東京都渋谷区宇田川町36-19 サーティー宇田川1F
03-5428-4450

Tatsumi
東京都目黒区上目黒2-42-12 スカイヒルズ中目黒1F
03-5734-1675

達屋　阪急梅田店
大阪府大阪市北区芝田1-6-13
06-6373-3388

鉄板焼き　プランチャ
福岡県福岡市中央区天神4-3-25
092-720-5551

独創dining MACCA
東京都三鷹市下連雀3-27-2
0422-46-7229

ととしぐれ　下北沢店
東京都世田谷区代沢5-30-12
03-3419-6125

鶏菜　三宮店
兵庫県神戸市中央区1-9-8 クィーンズコーストビル3F
078-381-9465

中仙酒場　串屋さぶろく
東京都板橋区蓮沼町8-1
03-3969-9436

肉食系ビストロ＆ワイン酒場 Tsui-teru！
東京都中野区中野5-36-5 ヴィラAK 2F
03-5345-7215

「飲み屋祥寺」の店の下　DEN's café
東京都武蔵野市吉祥寺本町2-13-5 三松第3ビルB1
0422-28-7550

parlor184
大阪府大阪市福島区福島1-6-24
06-6458-3233

博多フードパーク　納豆家粘ランド
福岡県福岡市中央区白金1-21-13 クレッセント薬院2F
092-524-2710

馬肉料理と蒸し野菜　型無夢荘
神奈川県川崎市川崎区砂子2-7-6
044-246-0310

パワースポット居酒屋　魚串　炙緑
東京都豊島区池袋3-59-9 FSビル1F
03-3984-6394

ヒラクヤ
東京都目黒区緑が丘2-1712 2F
03-3725-3979

Fine Dining TASTE-6
愛知県名古屋市西区名駅2-2-23-14
052-583-6656

福島金魚
大阪府大阪市福島区福島5-10-17
06-4796-2133

French Japanese Cuisine 今彩 Konasi
東京都新宿区神楽坂6-26-8
03-5261-2841

Vegetable Dining 畑舎
兵庫県神戸市中央区下山手通2-13-22
078-334-0525

三ッ☆居酒屋　喰酔たけし
東京都練馬区石神井町3-17-15 ケーワイビル2F
03-3995-3904

もつ鍋 割烹 鶏しおそば 竹井幸彦 八丁堀茅場町店
東京都中央区新川2-8-1 長山ビル1F
03-5566-8410

モツビストロ　麦房家
東京都港区新橋3-2-6
03-6268-8021

野菜食堂　はやしや
東京都杉並区阿佐谷北1-3-8 城西阿佐ヶ谷ビル1F
03-5356-9400

ヤサイ・ワイン　オレンチ
東京都千代田区外神田6-16-3
03-6803-2814

Yamagataバール Daedoko
東京都千代田区丸の内2-4-1 丸ビル6F
03-3212-3313

やんちゃ権太郎　お初天神店
大阪府大阪市北区曾根崎2-7-2
06-6364-6868

遊食酒家 る主水 福島店
大阪府大阪市 福島区福島6-4-10 ウエストビル１F
06-6457-0088

四谷YAMAZAKI
東京都新宿区四谷4-13-7 清水ビル1F
03-3358-8698

la tarna di universo Comon
東京都港区虎ノ門1-11-7
03-5251-9696

楽喜DINER
東京都目黒区青葉台1-20-2
03-6416-4964

ROBATA　美酒食堂　炉とマタギ
東京都中央区八丁堀4-13-7
03-3553-3005

Wine食堂　久（Qyu）
東京都渋谷区幡ヶ谷2-56-1
03-3375-7252

TITLE

NEW 沙拉料理創意設計

STAFF

ORIGINAL JAPANESE EDITION STAFF

出版	瑞昇文化事業股份有限公司	取材・文	岡本ひとみ　株式会社 開発社
編者	旭屋出版編輯部	撮影	後藤弘行（旭屋）　東谷幸一・川井裕一郎
譯者	羅淑慧	デザイン	ディクト.CR　株式会社 開発社
		カバーデザイン	國廣正昭

總編輯　　郭湘齡
責任編輯　蔣詩綺
文字編輯　黃美玉　徐承義
美術編輯　謝彥如
排版　　　靜思個人工作室
製版　　　昇昇興業股份有限公司
印刷　　　桂林彩色印刷股份有限公司

法律顧問　經兆國際法律事務所　黃沛聲律師

戶名　　　瑞昇文化事業股份有限公司
劃撥帳號　19598343
地址　　　新北市中和區景平路464巷2弄1-4號
電話　　　(02)2945-3191
傳真　　　(02)2945-3190
網址　　　www.rising-books.com.tw
Mail　　　deepblue@rising-books.com.tw

初版日期　2017年11月
定價　　　480元

國家圖書館出版品預行編目資料

NEW沙拉料理創意設計 / 旭屋出版編輯
部編；羅淑慧譯. -- 初版. -- 新北市：瑞昇
文化, 2017.11
192面；19 x 25.6公分
ISBN 978-986-401-201-5(平裝)

1.食譜

427.1　　　　　　　　106016850